PEIDIANWANG GONGCHENG GONGYI ZHILIANG
DIANXING WENTI JI JIEXI

配电网工程工艺质量

典型问题及解析

国家电网公司运维检修部 组编

内 容 提 要

为全面落实配电网标准化建设改造要求，进一步推广应用《国家电网公司配电网工程典型设计（2016年版）》，努力提升配电网工程建设质量，国家电网公司运维检修部总结近年来工程质量典型问题及防治工作经验，组织编制《配电网工程工艺质量典型问题及解析》。

本书分为六章，分别为 10kV 配电变台、架空线路、低压户表、电缆线路、10kV 配电站房以及标识。本书从技术和管理角度进行分析并提出具体防治措施，以指导施工、监理和建设单位规范防治工艺质量问题。

本书可供配电网工程的施工、设计、监理单位及各级供电公司的配电网运行维护、管理等部门技术人员和管理人员使用，还可用于指导设计、施工、质量检查、竣工验收等各个环节。

图书在版编目（CIP）数据

配电网工程工艺质量典型问题及解析 / 国家电网公司运维检修部组编 . — 北京：中国电力出版社，2017.2（2021.8 重印）

ISBN 978-7-5198-0330-8

Ⅰ.①配… Ⅱ.①国… Ⅲ.①配电系统－电力工程－工艺－工程质量－研究 Ⅳ.① TM7

中国版本图书馆 CIP 数据核字（2017）第 017454 号

出版发行：中国电力出版社
地　　址：北京市东城区北京站西街 19 号（邮政编码 100005）
网　　址：http://www.cepp.sgcc.com.cn
责任编辑：翟巧珍　（806636769@qq.com）　王　南　王春娟
责任校对：李　楠
装帧设计：郝晓燕　左　铭
责任印制：石　雷

印　刷：河北鑫彩博图印刷有限公司
版　次：2017 年 2 月第一版
印　次：2021 年 8 月北京第八次印刷
开　本：710 毫米 ×980 毫米　16 开本
印　张：9.25
字　数：146 千字
印　数：20001—21000 册
定　价：62.00 元

前　言

为深入推进配电网标准化建设，治理配电网工程质量“常见病”，加快建成安全可靠、经济合理、坚固耐用的现代配电网，国家电网公司运维检修部组织专家团队，以《国家电网公司配电网工程典型设计（2016年版）》和《国家电网公司电力安全工作规程（配电部分）（试行）》为基础，经过10余次研讨、征求各单位意见、3次专家集中审查，编写完成了《配电网工程工艺质量典型问题及解析》。

本书以“安全、经济、标准、简单”为目标，遵循安全可靠、坚固耐用、运检便利、施工工艺“一模一样”原则，以治理“常见病”、严把施工质量关为手段，推进施工工艺标准化。充分兼顾地区差异，做到统一性与适用性、可靠性、先进性、经济性和灵活性的协调统一。

本书共包括六章，分别为10kV配电变台、架空线路、低压户表、电缆线路、10kV配电站房以及标识。总结了近年来配电网工程质量典型问题及防治经验，图文并茂展示了111个典型问题，明确标准工艺要点，易于读者参考使用。

本书编写过程中得到了国网安徽省电力公司的大力支持和帮助，国网冀北、山西、山东、浙江、黑龙江、陕西省电力公司也参与了资料整理和部分内容编写，在此表示衷心的感谢。

由于编者水平有限，时间较短，错误和遗漏在所难免，敬请各位读者批评指正。

编　者

2016年12月

目　录

第一章

10kV 配电变台

本章依据《国家电网公司配电网工程典型设计 10kV配电变台分册（2016年版）》，对基础施工、电杆组立、接地网敷设、台架安装、设备安装、引线安装、辅助设施安装等环节“常见病”进行解析。

第一节 基础施工

本节重点解析基坑开挖、底盘安装、卡盘安装等方面4个“常见病”。

典型问题1 配电变台电杆埋深不足

1. 典型问题图例（图1-1-1）

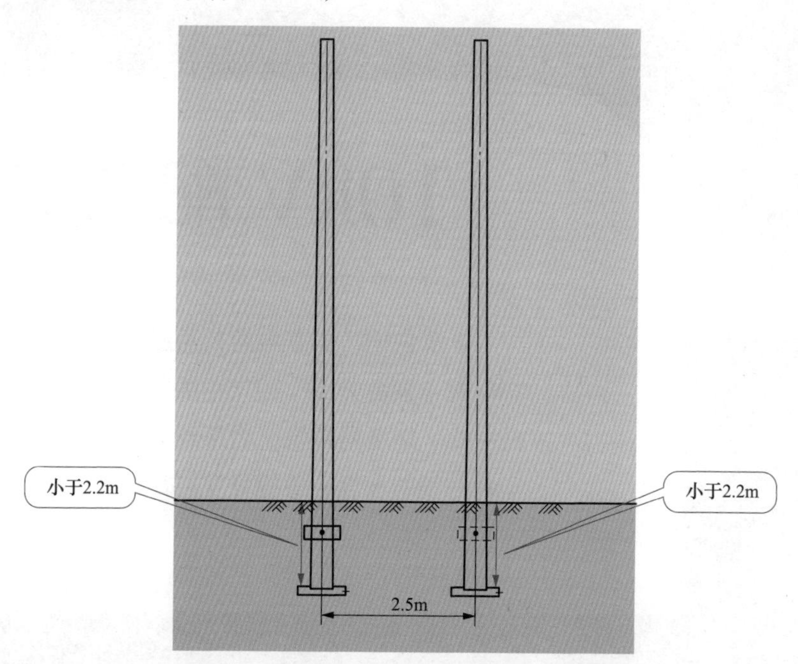

图1-1-1 配电变台12m电杆埋深不足案例图

2. 典型问题解析

电杆埋深不足，易造成电杆倾斜或倾倒。

3. 标准工艺要点（表1-1-1）

表1-1-1 配电变台电杆埋深标准表 m

杆长	10	12	15
埋深	2.0	2.2	2.5

注 所有配电变台电杆埋深均按上表选定，若土质与设计条件差别较大可根据实际情况做适当调整。

4. 标准规范图例（图1–1–2）

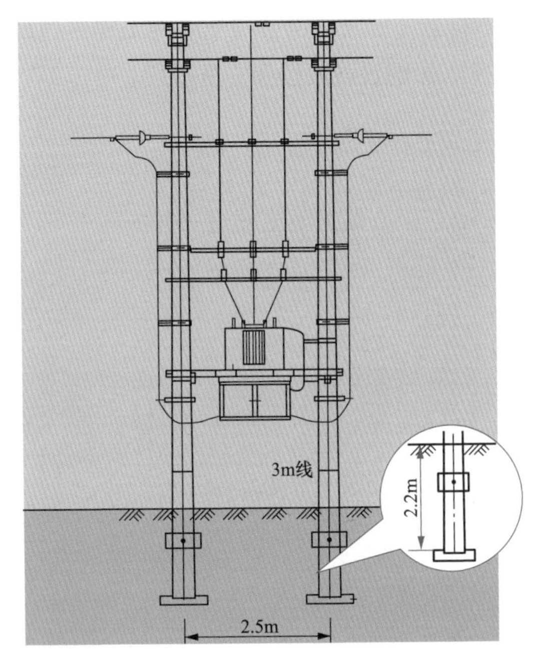

图1–1–2 配电变台12m电杆埋深标准示意图

典型问题 2 配电变台基坑间距不规范

1. 典型问题图例（图1–1–3）

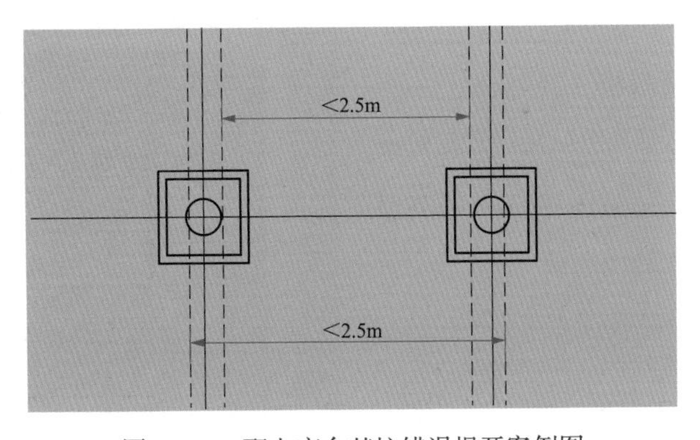

图1–1–3 配电变台基坑错误根开案例图

2. 典型问题解析

两基坑开挖根开不符合《国家电网公司配电网工程典型设计 10kV配电变台分册（2016年版）》要求，影响设备安装和安全运行。

3. 标准工艺要点

台区两基坑根开2.5m，中心偏差不应超过±30mm。

4. 标准规范图例（图1–1–4）

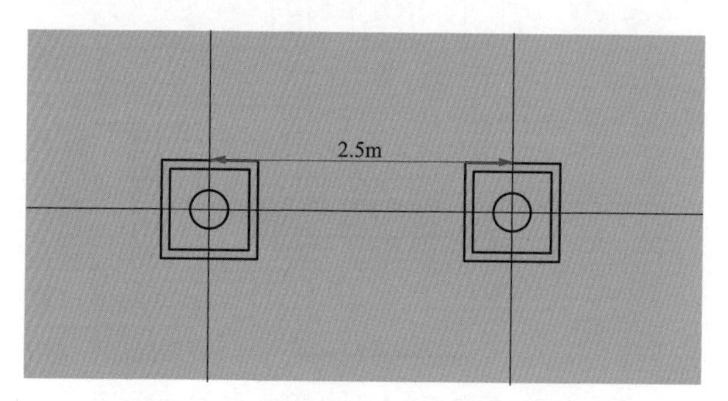

图1–1–4 台区两基坑标准根开示意图

典型问题3 底盘放置不规范

1. 典型问题图例（图1–1–5）

2. 典型问题解析

底盘未放在基坑中心，安装后易造成电杆偏移，影响设备安装和安全运行。

3. 标准工艺要点

基坑开挖为正方形，底部应夯实、平整，底盘放置基坑中心并清理表面余土。

图1–1–5 底盘未放在基坑中心案例图

4. 标准规范图例（图1–1–6）

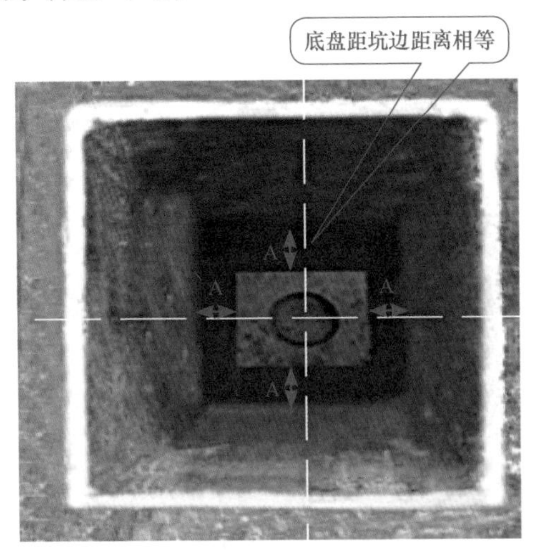

图1–1–6 底盘放在基坑中心示意图

典型问题 4 卡盘安装不规范

1. 典型问题图例（图1–1–7）

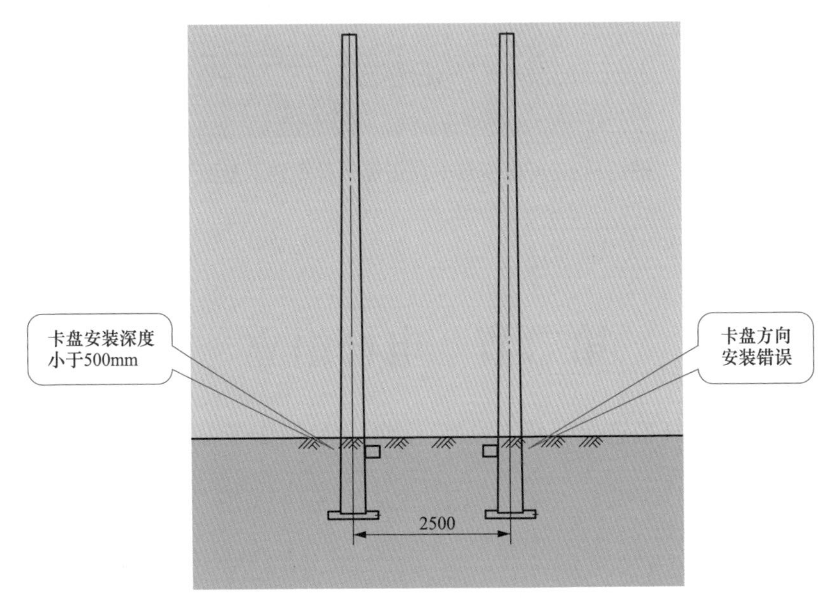

图1–1–7 配电变台电杆卡盘安装方向错误和深度不足案例图

2. 典型问题解析

配电变台卡盘安装方向错误、安装深度不足，易发生受力不均衡导致电杆倾斜。

3. 标准工艺要点

（1）卡盘U形抱箍安装距地面500mm，允许偏差±50mm。

（2）配电变台卡盘安装在顺线路方向，两杆错位安装。

4. 标准规范图例（图1-1-8）

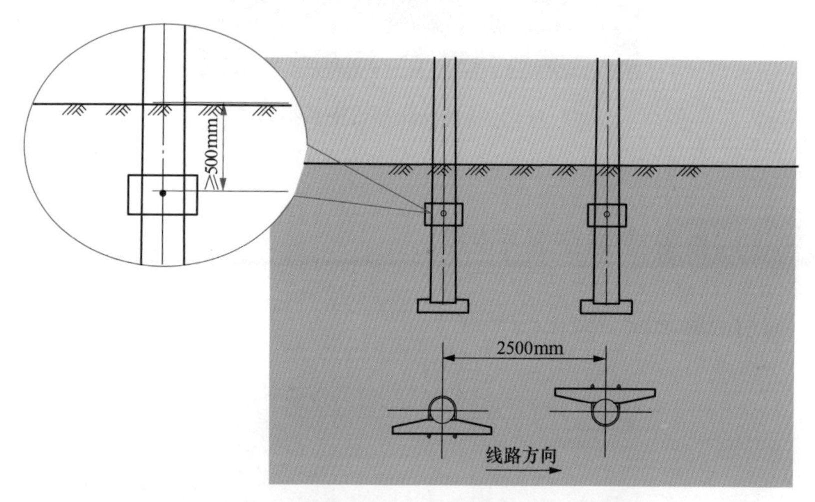

图1-1-8 配电变台电杆正确卡盘安装示意图

第二节 电杆组立

本节重点解析杆型选择、基坑回填、防沉土台制作等方面3个“常见病”。

典型问题1 杆型选择不规范

1. 典型问题图例（图1-2-1）

图1-2-1 配电变台电杆不等高案例图

2. 典型问题解析

配电变台电杆选型不符合《国家电网公司配电网工程典型设计 10kV配电变台分册（2016年版）》。

3. 标准工艺要点

配电变台采用等高杆方式，电杆采用非预应力混凝土杆，杆高原则上为12m、15m两种。

4. 标准规范图例（图1-2-2）

图1-2-2 配电变台电杆等高示意图

典型问题2 电杆根部未与底盘中心重合

1. 典型问题图例（图1-2-3）

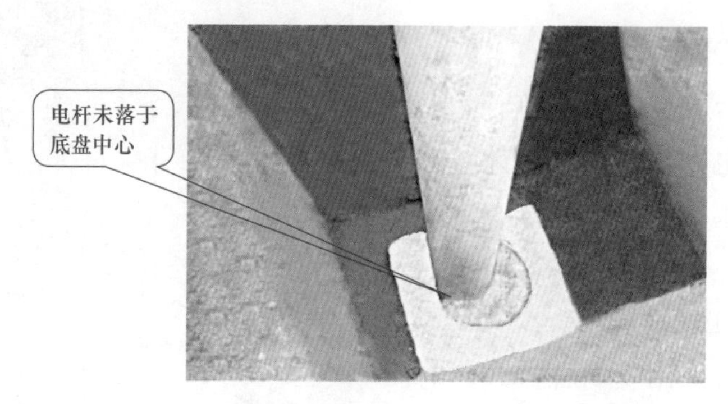

图1-2-3 电杆未落于底盘中心案例图

2. 典型问题解析

电杆根部未放置在底盘中心，底盘承重不均匀，电杆易发生倾斜，影响安全运行。

3. 标准工艺要点

电杆根部应与底盘中心重合，横向位移不大于50mm。

4. 标准规范图例（图1-2-4）

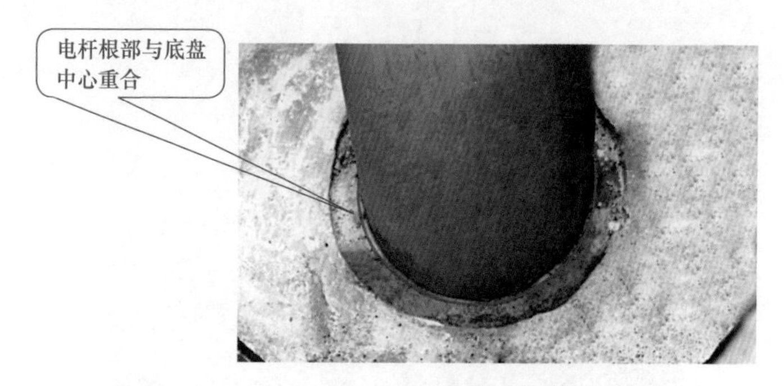

图1-2-4 电杆落于底盘中心示意图

典型问题3 基坑回填土未夯实、未设置防沉土台

1. 典型问题图例（图1-2-5）

图1-2-5 配电变台基础塌陷案例图

2. 典型问题解析

（1）电杆组立过程中，回填土没有分层夯实，土层因松动或雨水冲刷致使基础出现下沉，造成电杆倾斜。

（2）电杆没有制作防沉土台，易造成基础下沉、电杆倾斜。

3. 标准工艺要点

（1）回填土的土块应打碎，土块直径不大于30mm；基坑每回填300mm应夯实一次。

（2）回填土后的电杆应制作防沉土台，土台面积应大于坑口面积，培土高度应超出地面300mm。

4. 标准规范图例（图1-2-6）

图1-2-6 配电变台防沉土台示意图

第三节　接地网敷设

本节重点解析接地网沟槽开挖、接地体焊接及安装等方面3个“常见病”。

典型问题1　接地网沟槽开挖不标准

1. 典型问题图例（图1-3-1）

图1-3-1　接地网沟槽错误开挖案例图

2. 典型问题解析

接地网沟槽开挖深度、宽度不符合《国家电网公司配电网工程典型设计　10kV配电变台分册（2016年版）》要求，易造成接地电阻不合格。

3. 标准工艺要点

（1）配电变台的接地装置设水平和垂直接地的复合接地网。接地网沟槽深度不低于600mm（可耕种土地不低于800mm），宽度不低于400mm，不应接近煤气管道及输水管道。

（2）接地体敷设成围绕配电变台的闭合环形，设2根及以上垂直接地极，接地电阻应符合规定。

（3）接地体一般采用镀锌钢，腐蚀性较高的地区宜采用铜包钢或者石墨；垂直接地体长度不小于2.5m，接地桩间距一般不小于5m。

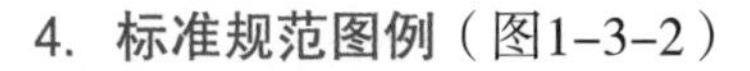

4. 标准规范图例（图1-3-2）

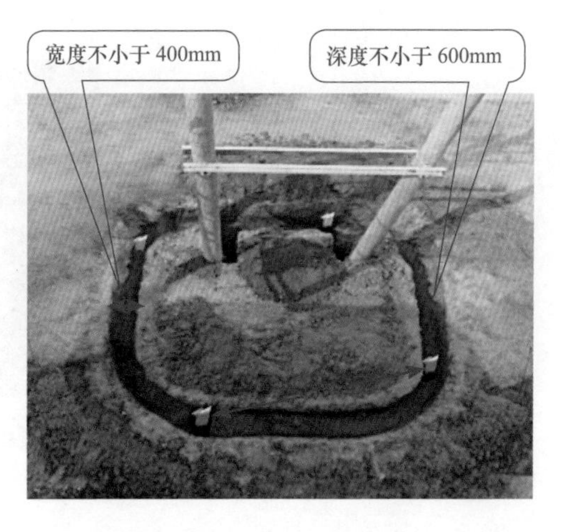

图1-3-2　接地网沟槽正确开挖示意图

典型问题 2　接地体焊接不规范

1. 典型问题图例（图1-3-3、图1-3-4）

图1-3-3　接地扁钢焊接不规范案例图

图1-3-4　接地扁钢焊接防腐处理不规范案例图

2. 典型问题解析

接地体焊接长度、焊接面积不足，未做防腐处理；焊接处防腐处理长度不足，易造成接地电阻不合格或接地体脱焊、锈蚀开裂。

3. 标准工艺要点

（1）镀锌扁钢焊接面不小于其宽度的2倍，焊接不少于三面施焊。

（2）接地装置焊接部位及外侧100mm范围内应做防腐处理，防腐处理前须去掉表面焊渣并除锈。

4. 标准规范图例（图1-3-5）

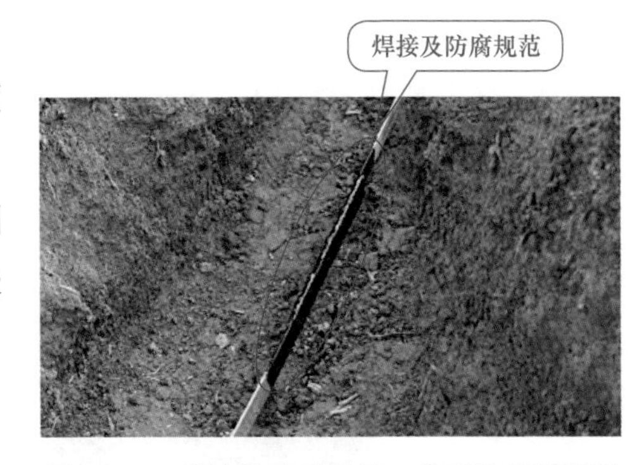

图1-3-5　接地体规范焊接、防腐处理示意图

典型问题 3 接地装置安装不规范

1. 典型问题图例（图1–3–6）

图1–3–6　接地装置错误安装案例图

2. 典型问题解析

接地装置安装不符合《国家电网公司配电网工程典型设计　10kV配电变台分册（2016年版）》：

（1）对地高度不符合规定。

（2）避雷器接地、变压器中性点接地、变压器外壳接地和不锈钢低压综合配电箱外壳的接地引线未汇集一点接地。

（3）接地引上线固定不规范，影响安全运行。

3. 标准工艺要点

（1）考虑防盗要求接地极汇合点设置在主杆3.0m处，分别与避雷器接地、变压器中性点接地、变压器外壳接地和不锈钢低压综合配电箱外壳进行有效连接，螺栓螺帽采用不锈钢材质。不锈钢综合配电箱外壳接地端口留在箱体上部。

（2）接地装置引上线应沿电杆内侧敷设，并在适当位置采用不锈钢扎带固定。

4. 标准规范图例（图1–3–7）

图1–3–7　接地装置正确安装示意图

第四节　台架安装

本节重点解析变压器双杆支持架安装、熔断器及避雷器横担安装等方面2个“常见病”。

典型问题1　变压器双杆支持架安装不规范

1. 典型问题图例（图1-4-1）

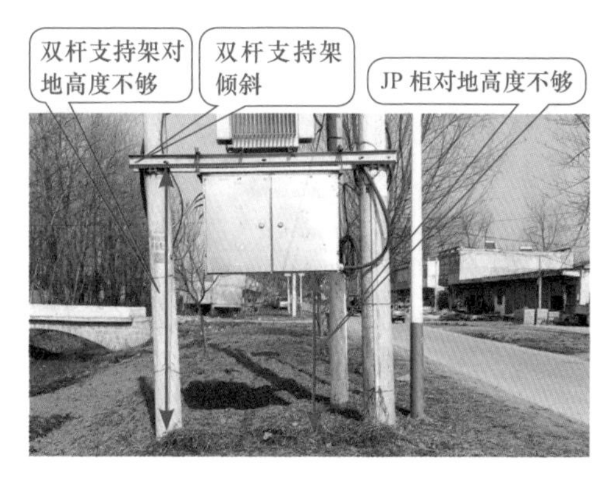

图1-4-1　变压器双杆支持架错误安装案例图

2. 典型问题解析

变压器双杆支持架对地高度、JP柜对地高度不够，不符合《国家电网公司配电网工程典型设计　10kV配电变台分册（2016年版）》；双杆支持架安装倾斜，影响设备安装和安全运行。

3. 标准工艺要点

（1）变压器双杆支持架水平中心线对地距离应为3.4m，两根双杆支持架应固定在同一水平面上，水平倾斜不大于台架根开的1/100。

（2）变压器双杆支持架应采用HBG型横担抱箍和双头螺杆配合安装，禁止双杆支持架开口方向朝向电杆侧。

（3）JP柜（低压综合配电箱）采取悬挂式安装，下沿距离地面不低于2.0m，有防汛需求可适当加高。在农村、农牧区等D、E类供电区域，低压综合配电箱下沿离地高度可降低至1.8m，变压器支架、避雷器、熔断器等安装高度应作同步调整，并宜在变压器台周围装设安全围栏。

图1-4-2　变压器双杆支持架正确安装示意图

4. 标准规范图例（图1-4-2）

典型问题2　熔断器及避雷器安装角度和横担间距不规范

1. 典型问题图例（图1-4-3、图1-4-4）

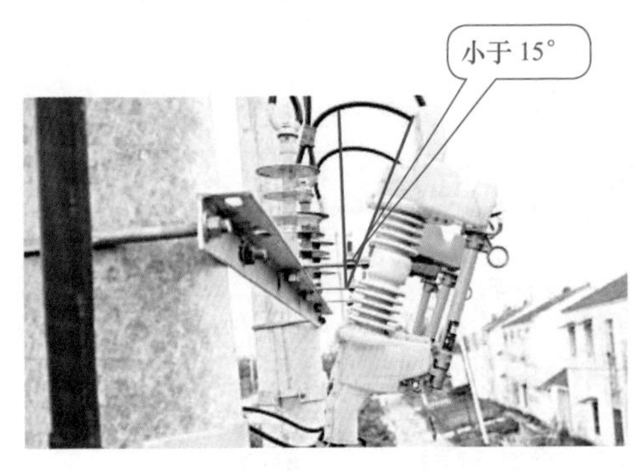

图1-4-3　熔断器错误安装案例图

图1-4-4　熔断器横担与避雷器横担错误安装案例图

2. 典型问题解析

（1）跌落式熔断器熔丝管轴线、可拆卸式避雷器轴线与地面直线夹角小于15°，不方便操作。

（2）熔断器横担与避雷器横担距离不符合《国家电网公司配电网工程典型设计　10kV配电变台分册（2016年版）》要求，影响设备安装和安全运行。

3. 标准工艺要点

（1）跌落式熔断器熔丝管轴线、可卸式避雷器轴线与地面的垂线夹角为15°～30°。

（2）熔断器横担对地高度为6m，避雷器横担与熔断器横担距离为800mm，安装应水平牢固。

4. 标准规范图例（图1-4-5、图1-4-6）

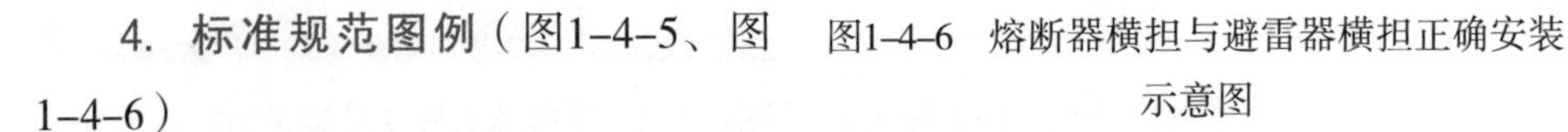

图1-4-5　熔断器正确安装示意图

图1-4-6　熔断器横担与避雷器横担正确安装示意图

第五节　设备安装

本节重点解析变压器安装、避雷器安装、JP柜进出线安装、低压电缆终端制作等方面7个“常见病”。

典型问题 1　变压器固定方式错误

1. 典型问题图例（图1-5-1～图1-5-3）

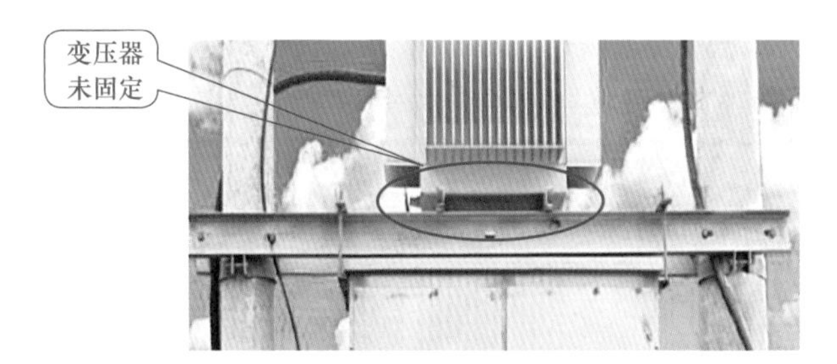

图1-5-1　变压器未固定案例图

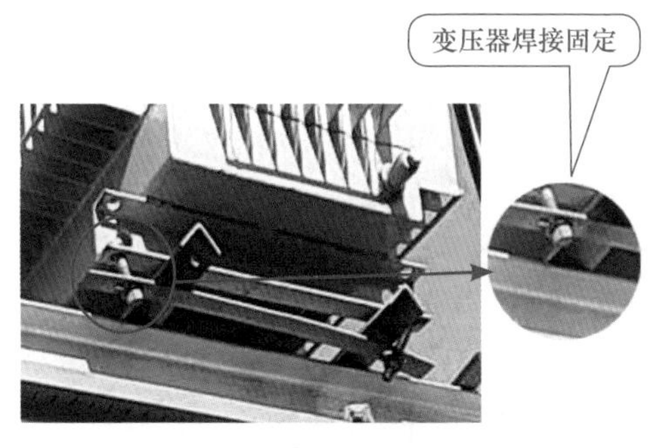

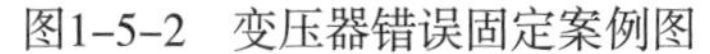

图1-5-2　变压器错误固定案例图

图1-5-3　变压器错误固定案例图

2. 典型问题解析

变压器采用直接坐落在双杆支持架上、连板焊接固定、钢绞线固定等不规范固定方式，不符合《国家电网公司配电网工程典型设计　10kV配电变台分册（2016年版）》要求，影响安全运行。

3. 标准工艺要点

变压器应使用双头螺杆加横担的方式固定在双杆支持架上。

4. 标准规范图例（图1-5-4）

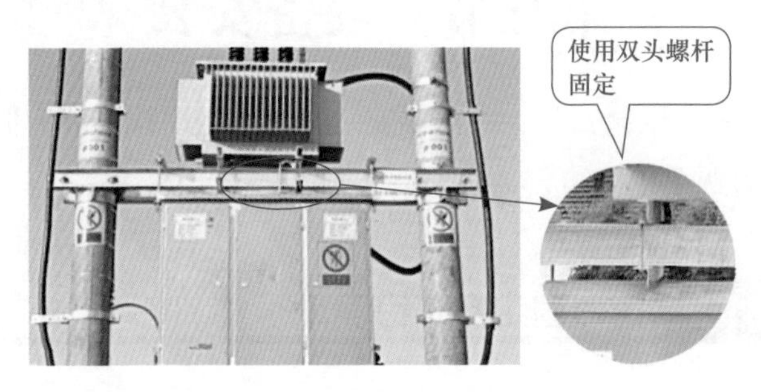

图1-5-4　变压器正确固定示意图

典型问题2 配电变台出线杆安装接户线

1. 典型问题图例（图1-5-5）

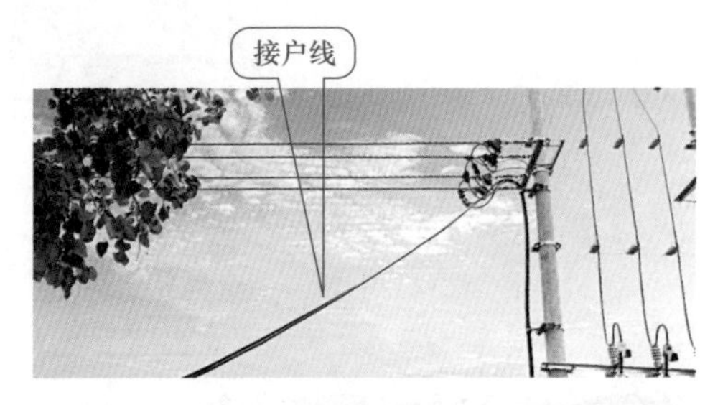

图1-5-5　变台出线杆安装接户线案例图

2. 典型问题解析

配电变台出线杆安装接户线不符合《国家电网公司配电网工程典型设计　10kV配电变台分册（2016年版）》要求，影响整齐、美观和安全运行。

3. 标准工艺要点

配电变台出线杆不允许安装接户线。

4. 标准规范图例（图1-5-6）

图1-5-6　配电变台出线杆无接户线示意图

典型问题 3 变压器、JP 柜未固定在双杆支持架中心

1. 典型问题图例（图1-5-7）

图1-5-7 变压器、JP柜错误安装案例图

2. 典型问题解析

变压器和JP柜未安装固定在双杆支持架中心，不符合《国家电网公司配电网工程典型设计 10kV配电变台分册（2016年版）》要求，影响设备安装和安全运行。

3. 标准工艺要点

变压器、JP柜应安装固定在双杆支持架中心，并固定牢固可靠。

4. 标准规范图例（图1-5-8）

图1-5-8 变压器、JP柜正确安装示意图

典型问题 4 避雷器接地引线安装不规范

1. 典型问题图例（图1-5-9）

图1-5-9 避雷器底部通过横担接地案例图

2. 典型问题解析

三相避雷器底部通过横担接地，不符合《国家电网公司配电网工程典型设计 10kV配电变台分册（2016年版）》要求，存在较大的安全隐患，并影响安全运行。

3. 标准工艺要点

（1）三相避雷器底部应使用BV-35mm^{2}铜芯绝缘导线短接后引入接地装置；引下线应短而直，连接紧密，接地电阻应符合规定。

（2）接地引线与避雷器底部连接时，应采用铜接线端子。

4. 标准规范图例（图1-5-10）

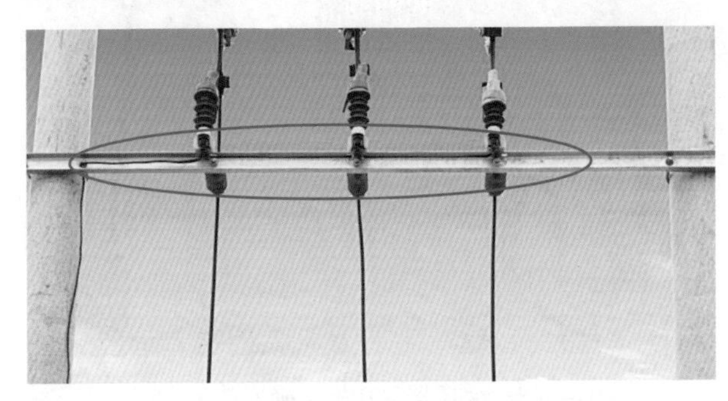

图1-5-10 避雷器底部使用铜芯绝缘导线短接示意图

典型问题 5　绝缘穿刺接地线夹安装不规范

1. 典型问题图例（图1-5-11）

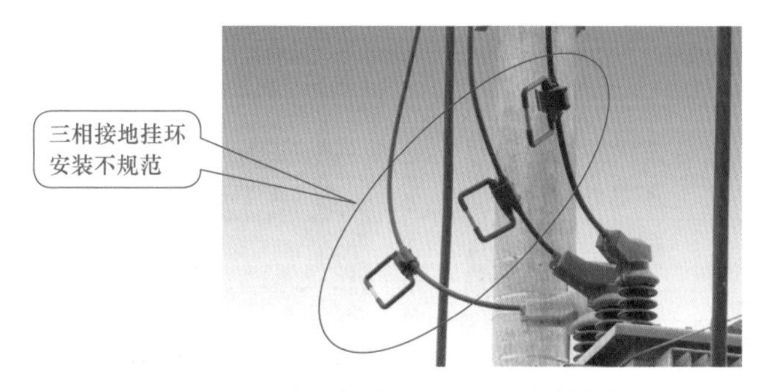

图1-5-11　绝缘穿刺接地线夹错误安装案例图

2. 典型问题解析

（1）绝缘穿刺接地线夹安装在变压器高压桩头与避雷器之间，不符合《国家电网公司配电网工程典型设计　10kV配电变台分册（2016年版）》要求，装拆接地线时易造成变压器高压桩头受力损坏。

（2）绝缘穿刺接地线夹的接地挂口未朝下，会影响接地线正常装拆，并导致安装后的接地线时会因重力作用而掉落。

3. 标准工艺要点

（1）绝缘穿刺接地线夹应安装在熔断器与避雷器之间，与跌落式熔断器的上装头间距不小于700mm，使变压器高压桩头在装拆接地线时不受力。

（2）三相绝缘穿刺接地线夹应安装整齐，在同一水平面。

4. 标准规范图例（图1-5-12）

图1-5-12　绝缘穿刺接地线夹正确安装示意图

典型问题6 JP柜进出线安装不规范

1. 典型问题图例（图1-5-13、图1-5-14）

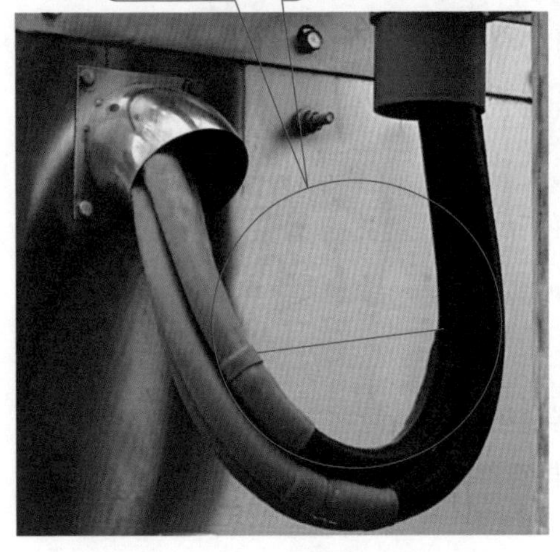

图1-5-13　JP柜进线错误安装案例图

图1-5-14　JP柜出线错误安装案例图

2. 典型问题解析

（1）JP柜进出线电缆安装时的弯曲弧度过小，易造成电缆绝缘层机械损伤，影响安全运行。

（2）JP柜进出线电缆弧垂最低点高于进出线孔，雨水易顺着电缆流入JP柜内，影响安全运行。

3. 标准工艺要点

（1）JP柜进出线使用电缆时，其弯曲弧度不小于直径15倍；使用绝缘导线时，其弯曲弧度不小于直径20倍。

（2）JP柜进出线电缆或绝缘线的弧垂最低点，应低于JP柜进出线孔。

4. 标准规范图例（图1-5-15）

图1-5-15　JP柜进出线正确安装示意图

典型问题7 低压电缆未制作终端

1. 典型问题图例（图1-5-16）

图1-5-16 低压电缆未制作终端案例图

2. 典型问题解析

低压电缆绝缘层剥离过长，低压套指和电缆终端未制作，易造成相间安全距离不足，在绝缘老化时造成相间短路，影响安全运行。

3. 标准工艺要点

（1）低压电缆绝缘层剥离后应用冷缩式、预制式产品或用热缩管制作电缆终端。

（2）电缆终端制作应注意：剥切电缆时不应剥伤电缆线芯，从剥开绝缘层开始连续操作直至完成；电缆终端套指应尽可能向电缆头根部靠近，套指、延长护管、终端应与电缆紧密接触，将电缆线芯防护好，防止线芯外露过长、线芯之间相互缠绕。

4. 标准规范图例（图1-5-17）

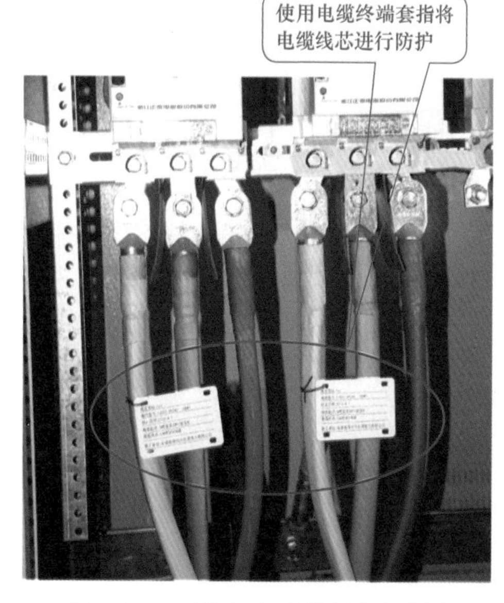

图1-5-17 低压电缆终端制作示意图

第六节　引线安装

本节重点针对变台引线安装中存在的“常见病”进行解析。

典型问题1 正装方式高压引下线连接方式不规范

1. 典型问题图例（图1–6–1、图1–6–2）

图1–6–1　高压引下线错误安装案例图

图1–6–2　高压引下线错误安装案例图

2. 典型问题解析

（1）高压引下线使用单并沟线夹连接，连接点导电能力、拉断力不满足运行要求，不符合《国家电网公司配电网工程典型设计　10kV配电变台分册（2016年版）》要求。

（2）高压引下线三相连接接头方向不符合《国家电网公司配电网工程典型设计　10kV配电变台分册（2016年版）》要求，未全部朝向电源测。

3. 标准工艺要点

（1）高压引下线使用异形并沟线夹连接时，每相导线连接接头应使用2个，连接面应平整、光洁。导线及并沟线夹槽内应清除氧化膜，涂电力复合脂，并可选用弹射楔形、螺栓J形、螺栓C形线夹，具体可根据设计方案选择。

（2）安装线夹时，应保证线夹与导线接触紧密，安装牢固；线夹安装后，应加装绝缘护罩。

（3）高压引下线的三相连接接头方向，应朝向电源侧。

4. **标准规范图例**（图1-6-3、图1-6-4）

图1-6-3　高压引下线正确连接示意图

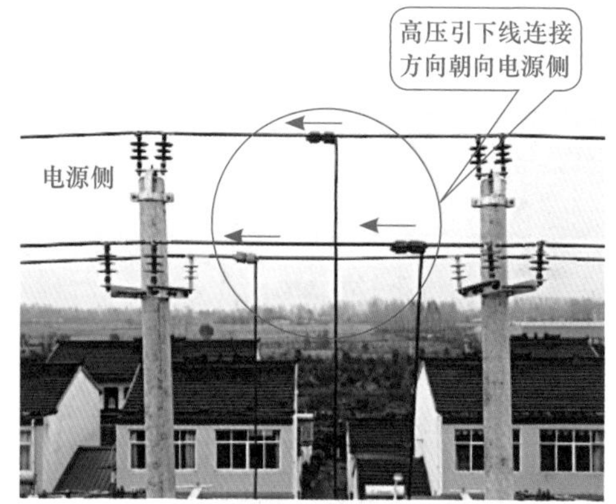

图1-6-4　高压引下线正确连接示意图

第七节　辅助设施安装

本节重点解析电缆支架安装、JP柜进出线孔封堵等方面2个“常见病”。

典型问题1　电缆支架安装不规范

1. **典型问题图例**（图1-7-1、图1-7-2）

2. **典型问题解析**

（1）电缆固定支架安装不符合《国家电网公司配电网工程典型设计　10kV配电变台分册（2016年版）》要求，相互间距超过1.6m，运行中易导致电缆受力变形影响安全运行。

（2）支架固定电缆时没有加装绝缘垫层，易损伤电缆外绝缘层，影响安全运行。

3. **标准工艺要点**

（1）电缆垂直固定支架间距应不大于1.6m，使电缆固定牢固，受力均匀。

（2）电缆在支架上固定时应加装绝缘垫层，电缆支架抱箍安装的松紧度应适中。

电缆固定支架间距超过 1.6m

图1-7-1　电缆支架错误安装案例图

电缆固定未加装绝缘垫层

图1-7-2　电缆支架错误固定案例图

4. 标准规范图例（图1-7-3、图1-7-4）

1.6m

图1-7-3　电缆支架正确安装示意图

电缆支架加装绝缘垫层

图1-7-4　电缆正确固定示意图

典型问题 2　JP 柜进出线孔处理不规范

1. 典型问题图例（图1-7-5）

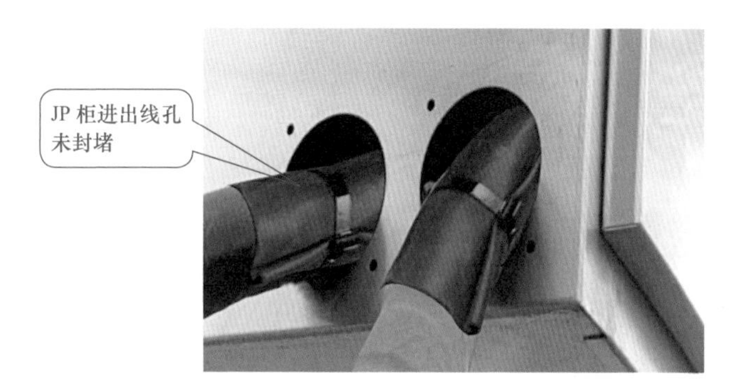

图1-7-5　JP柜进出线孔未封堵案例图

2. 典型问题解析

JP柜进出线孔未封堵，小动物会进入柜内，影响设备安全运行。

3. 标准工艺要点

JP 柜进出线孔应采用使用防水和防火材料的有机堵料进行封堵，封堵应严密牢固，无漏光、漏风裂缝和脱漏现象，表面光洁平整。

4. 标准规范图例（图1-7-6）

图1-7-6　JP柜进出线孔正确封堵示意图

第二章

架空线路

本章依据《国家电网公司配电网工程典型设计 10kV架空线路分册（2016年版）》对基础施工，杆塔组立，柱上设备安装，金具、绝缘子安装，拉线制作，导线架设及固定等环节的“常见病”进行解析。

第一节 基础施工

本节重点解析了基坑回填、电杆埋设深度等方面2个“常见病”。

典型问题1 基坑回填未分层夯实、未设置防沉土台

1. 典型问题图例（图2-1-1）

图2-1-1 电杆基坑回填土塌陷与未设置防沉土台案例图

2. 典型问题解析

（1）电杆基坑回填过程中，回填土未分层夯实，易导致土层下沉、电杆基础不牢固、电杆倾斜。

（2）电杆未制作防沉土台，易造成基础下沉、电杆倾斜。

3. 标准工艺要点

（1）基坑回填土时，土块应打碎，每回填300mm夯实一次。

（2）电杆组立后，杆根处设置300mm的防沉土台。

4. 标准规范图例（图2-1-2、图2-1-3）

图2-1-2 电杆基坑回填土分层夯实示意图

图2-1-3 电杆防沉土台示意图

典型问题 2　电杆埋设深度不符合要求

1. 典型问题图例（图2-1-4）

图2-1-4　电杆埋深不足案例图

2. 典型问题解析

电杆埋设深度不足，易造成电杆倾斜或倾倒。

3. 标准工艺要点（表2-1-1）

表2-1-1　线路电杆埋设深度表　m

杆长	10.0	12.0	15.0	18.0
埋深	1.7	1.9	2.3（2.5）	2.8
3m 埋深线对地距离	1.3	1.1	0.7（0.5）	0.2

注　表2-1-1为《国家电网公司配电网工程典型设计　10kV架空线路分册（2016年版）》埋深要求，设计时应根据对应杆位的地质条件进行计算以确定水泥杆最终埋深及基础型式。括号内数据为双回路15m杆情况下数据。

4. 标准规范图例（图2-1-5）

图2-1-5　电杆埋设深度标准示意图

第二节 杆塔组立

本节重点解析了电杆组立、地脚螺栓防护、爬梯安装等方面的4个“常见病”。

典型问题1 电杆倾斜

1. 典型问题图例（图2-2-1）

图2-2-1 电杆倾斜案例图

2. 典型问题解析

电杆坑底不平整，底盘、卡盘未安装或安装方式错误，电杆基坑未分层夯实等导致电杆歪斜。

3. 标准工艺要点

（1）电杆的杆梢位移不大于杆梢直径的 1/2。

（2）基坑底部使用底盘时，坑底表面应保持水平，底盘安装尺寸误差应符合设计要求。电杆中心线应与底盘的圆槽面垂直，并位于底盘的中心，底盘找正后应填土夯实。

（3）安装卡盘时，卡盘U形抱箍距地面500mm；直线杆卡盘应顺线路方向，左、右侧交替埋设；承力杆卡盘埋设在承力侧。

（4）电杆基坑回填土时，土块应打碎，每回填300mm夯实一次。电杆组立后，杆根处设置300mm的防沉土台。

（5）发现电杆倾斜时，应当及时校正。

4. 标准规范图例（图2-2-2）

图2-2-2 电杆无倾斜标准示意图

典型问题2 直线杆横线路方向偏移过大

1. 典型问题图例（图2-2-3）

图2-2-3 直线杆横线路方向偏移案例图

2. 典型问题解析

基坑定位不准确或底盘未放置在基坑中心位置，致使电杆偏离线路中心线，当偏移过大时易造成电杆倾斜。

3. 标准工艺要点

（1）基坑施工前的定位应符合设计要求。

（2）底盘放置、电杆组立偏差不超过允许偏差值。

（3）直线杆顺线路方向位移不超过设计档距的5%，横线路方向位移不超过50mm。

4. 标准规范图例（图2-2-4）

图2-2-4 直线杆无偏移标准示意图

典型问题3 地脚螺栓防护不规范

1. 典型问题图例（图2-2-5）

图2-2-5 地脚螺栓防护不规范案例图

2. 典型问题解析

施工过程中地脚螺栓未做防护、钢管塔基础螺栓未做保护帽，易导致螺栓锈蚀、紧固不到位。

3. 标准工艺要点

（1）浇筑前对地脚螺栓进行保护，浇筑完成后及时清除地脚螺栓上的残余水泥砂浆。

（2）保护帽采用不小于C10级的细石混凝土。宽度不小于塔脚板边缘50mm，保护帽高度高于地脚螺栓50mm。

4. 标准规范图例（图2-2-6）

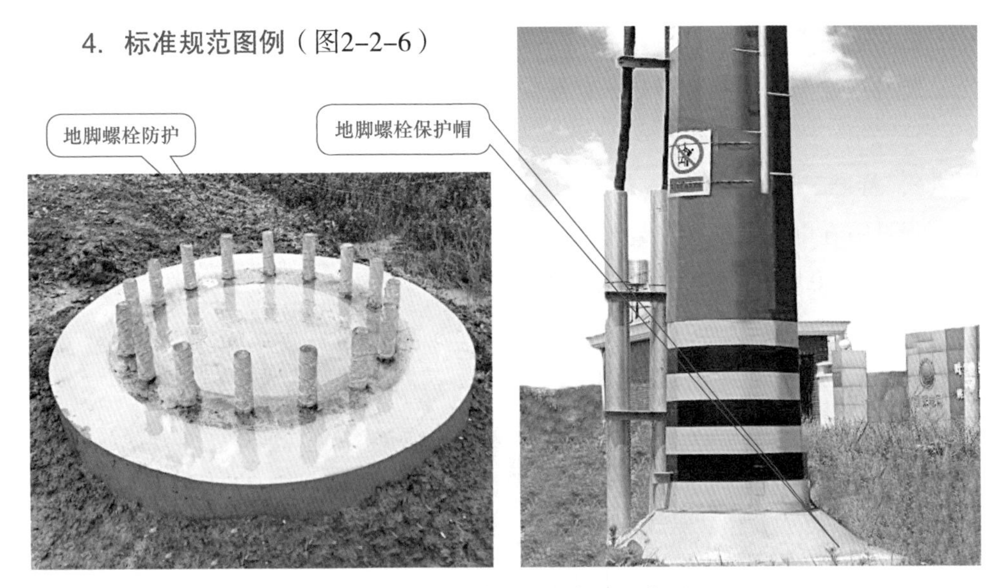

图2-2-6　地脚螺栓防护标准示意图

典型问题 4　爬梯底端至地面距离不足

1. 典型问题图例（图2-2-7）

图2-2-7　爬梯底端至地面距离不足案例图

2. 典型问题解析

爬梯底端至地面距离不足，存在安全隐患。

3. 标准工艺要点

设计需在电杆上配套安装爬梯时，各地根据运行部门要求，可对爬梯底端至地面距离在2.0～2.5m之间做适当调整。

4. 标准规范图例（图2-2-8）

图2-2-8 爬梯底端至地面距离标准示意图

第三节　柱上设备安装

本节重点解析了带间隙氧化锌避雷器安装、柱上断路器安装等方面3个“常见病”。

典型问题1　带间隙氧化锌避雷器未接地

1. 典型问题图例（图2-3-1）

图2-3-1　带间隙氧化锌避雷器未接地案例图

2. 典型问题解析

带间隙氧化锌避雷器（过电压保护器）未接地，严重影响线路安全运行。

3. 标准工艺要点

（1）避雷器底部应使用不小于25mm^{2}铜芯绝缘导线短接后连接接地装置；接地电阻值不大于10Ω。

（2）避雷器与线路柱式瓷绝缘子并联安装，架空绝缘导线通过引弧环或引弧棒与避雷器顶端保持合适的间隙，其下端与绝缘子底部连接并与接地极相连。

（3）线路避雷器、防雷绝缘子、带间隙氧化锌避雷器（过电压保护器）均应连接接地装置。

4. 标准规范图例（图2-3-2）

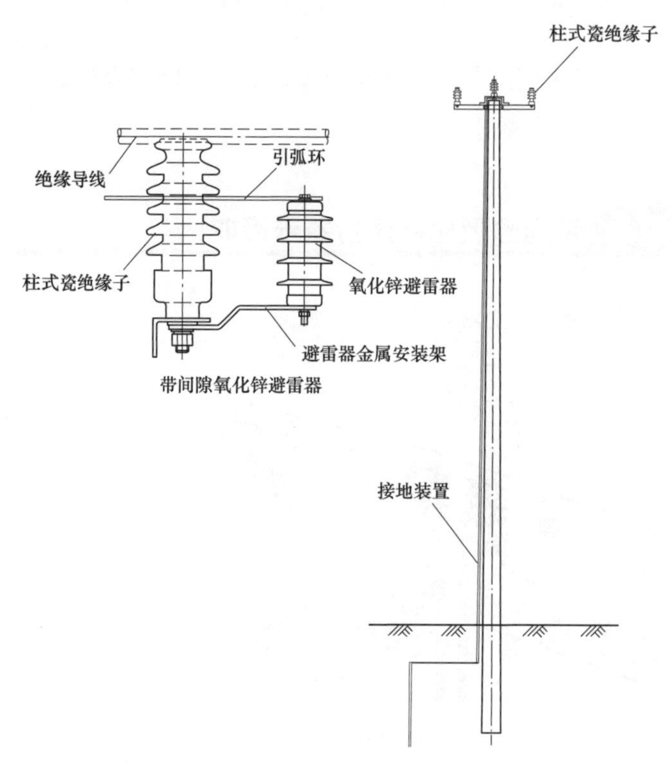

图2-3-2 带间隙氧化锌避雷器接地标准示意图

典型问题2 柱上断路器未规范安装避雷器

1. 典型问题图例（图2-3-3）

图2-3-3 柱上断路器未规范安装避雷器案例图

2. 典型问题解析

柱上断路器未规范安装避雷器，易因过电压损坏设备。

3. 标准工艺要点

（1）柱上断路器两侧应安装避雷

器，避雷器底部应使用不小于25mm^{2}铜芯绝缘导线短接后连接接地装置，接地电阻值不大于10Ω。

（2）柱上断路器不宜安装在转角杆处。

（3）柱上断路器应加装绝缘护罩。

4. 标准规范图例（图2-3-4、图2-3-5）

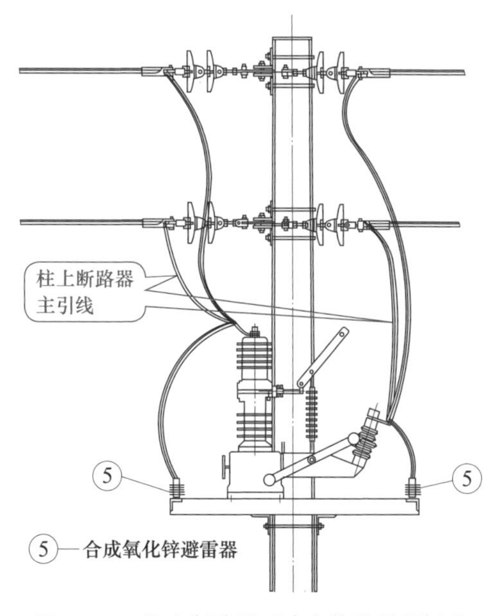

图2-3-4 柱上断路器正确安装避雷器标准示意图1

图2-3-5 柱上断路器正确安装避雷器标准示意图2

典型问题3 柱上断路器与绝缘架空线路的连接方式不规范

1. 典型问题图例（图2-3-6）

2. 典型问题解析

柱上断路器主线引线与架空绝缘线路的主线搭接，会破坏绝缘线的机理结构，易导致绝缘线抽芯，且接点发热时易引发主绝缘线损伤、断线，不符合《国家电网公司配电网工程典型设计 10kV架空线路分册（2016年版）》要求。

图2-3-6 柱上断路器与架空绝缘线路不规范连接案例图

3. 标准工艺要点

柱上断路器主线引线禁止与架空绝缘线路的主线搭接，应与尾线搭接，特殊情况除外。

4. 标准规范图例（图2-3-7）

图2-3-7 柱上断路器与架空绝缘线路规范连接示意图

第四节　金具、绝缘子安装

本节重点解析了横担安装、金具安装、绝缘子安装、导线连接等方面5个“常见病”。

典型问题1　横担安装歪斜

1. 典型问题图例（图2-4-1）

图2-4-1　横担歪斜案例图

2. 典型问题解析

横担安装时未进行校平，横担两侧端部的上下歪斜大于横担长度的1/100，易导致线路偏向一侧、电杆受力不平衡。

3. 标准工艺要点

线路横担安装，除偏支担外，横担安装应平正，横担两侧端部的上下、左右歪斜不大于横担长度的1/100；双杆横担与电杆连接处的高差不大于连接距离的5/1000，左右扭斜不大于横担长度的1/100。

4. 标准规范图例（图2-4-2）

图2-4-2　横担正确安装示意图

典型问题2 45°及以下转角杆横担安装角度不规范

1. 典型问题图例（图2-4-3）

图2-4-3 45°及以下转角杆横担不规范安装案例图

2. 典型问题解析

45°及以下转角杆横担未安装在线路方向的受力角平分线上，电杆受力与拉线不在一条直线上，易造成横担歪斜。

3. 标准工艺要点

45°及以下转角杆，横担应装在转角的内角平分线上。

4. 标准规范图例（图2-4-4）

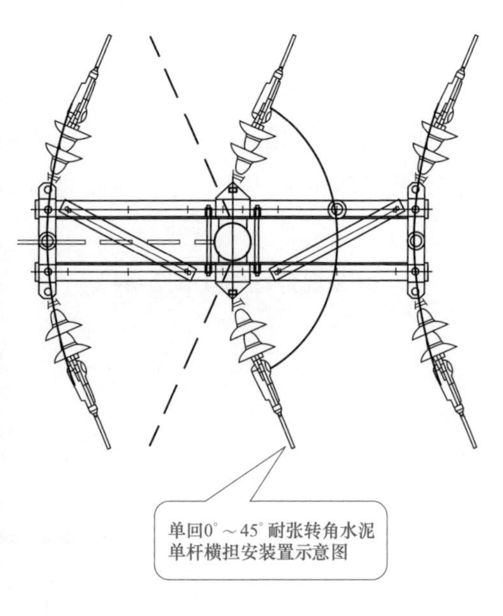

单回0°～45°耐张转角水泥单杆横担安装置示意图

图2-4-4 45°及以下转角杆横担正确安装标准示意图

典型问题 3　绝缘子倾斜

1. 典型问题图例（图2-4-5）

图2-4-5　支柱绝缘子歪斜案例图

2. 典型问题解析

（1）绝缘子安装固定时，未采用“一平一弹”垫片，绝缘子螺母易受外力影响而松动或脱落，导致绝缘子倾斜。

（2）横担螺栓孔径与绝缘子螺栓直径不匹配。

3. 标准工艺要点

（1）安装绝缘子、放电箝位绝缘子（过电压保护器）时应加平垫、弹簧垫圈，且绝缘子与铁件组合无歪斜现象并结合紧密，金具上各连接螺栓均要采取防止松动的措施，如“一平一弹”防松动措施。

（2）横担螺栓孔径应与绝缘子螺栓直径相匹配。

4. 标准规范图例（图2-4-6）

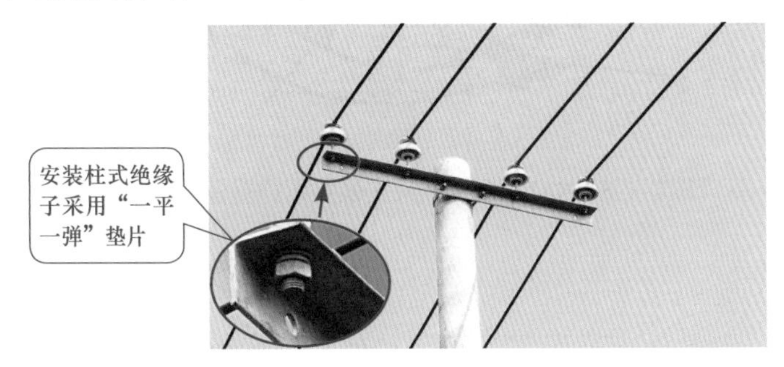

图2-4-6　绝缘子安装标准示意图

典型问题4 耐张线夹安装不规范

1. 典型问题图例（图2-4-7）

图2-4-7 NXL型耐张线夹未安装绝缘护罩案例图

2. 典型问题解析

使用NXL型耐张线夹剥皮固定绝缘导线后，未安装绝缘护罩。

3. 标准工艺要点

导线耐张串中耐张线夹与绝缘导线连接可采用剥皮安装（NXL型）和不剥皮安装（NXJG型）两种安装方式（多雷地区宜采用剥皮安装方式）。剥皮安装时，裸露带电部位须加绝缘罩或包覆绝缘带保护，并做防水处理。

4. 标准规范图例（图2-4-8）

图2-4-8 NXL型耐张线夹安装绝缘护罩标准示意图

典型问题5 导线连接不规范

1. 典型问题图例（图2-4-9）

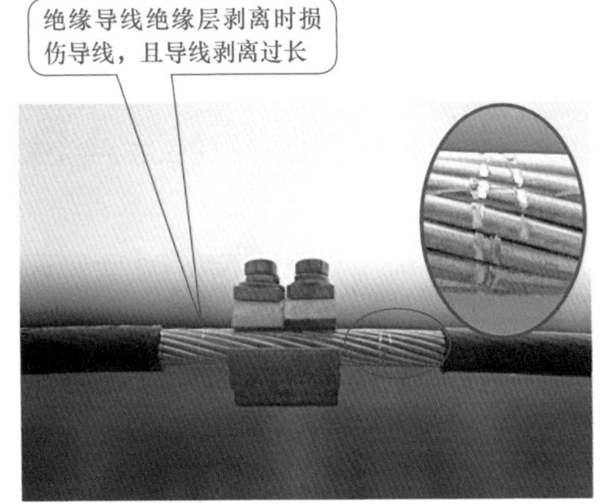
绝缘导线绝缘层剥离时损伤导线，且导线剥离过长

绝缘导线过引线处未采取绝缘措施

线路T接点，直接使用裸导线绑扎在线路上

线路T接点，仅使用单并沟线夹固定
A
N
B
C

图2-4-9 导线连接不规范案例图

2. 典型问题解析

（1）在绝缘导线过引线、引流线等位置进行导线绝缘层剥离时将导线损伤。

（2）绝缘导线过引线时，并沟线夹未绝缘化。

（3）引流线与主线直接使用裸导线进行绑扎连接。

（4）引流线与主线仅使用单并沟线夹连接。

上述问题易造成导线载流量减小、线路连接处发热、连接稳定性下降、线芯氧化、老化等问题，影响导线使用寿命，存在安全隐患。

3. 标准工艺要点

（1）剥离导线绝缘层应使用专用切削工具，不得损伤导线，绝缘层剥离长度应与连接金具长度相同，误差不大于 ± 10mm。

（2）架空电力线路当采用线夹连接引流线时，并沟线夹数量不少于2 个，同时加装绝缘护罩，绝缘护罩滴水孔应向下；并沟线夹的螺丝由下向上安装。

4. 标准规范图例（图2–4–10）

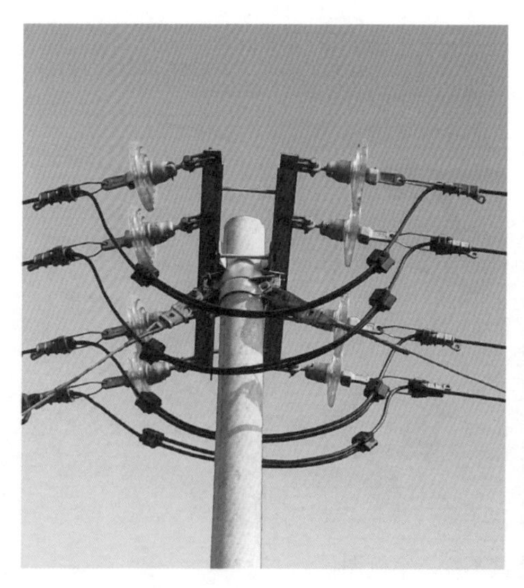

图2–4–10　导线连接示意图

第五节　拉线制作

本节重点解析了拉盘安装、拉线棒安装、拉线UT线夹安装、拉线抱箍安装等方面的4个“常见病”。

典型问题 1　拉盘安装不正确

1. 典型问题图例（图2-5-1、图2-5-2）

图2-5-1　拉线基坑未设置斜坡以及拉线盘安装错误案例图

图2-5-2　拉线棒露出地面长度过长案例图

2. 典型问题解析

（1）拉线棒安装时未挖斜坡（马道），拉线与拉线棒受力不在一条直线上，易使拉线棒受力弯曲。

（2）拉线棒露出地面过长、拉盘埋设不足，拉盘承受上拔力达不到设计要求，影响电杆稳定。

（3）回填土不设防沉土台，自然密实后出现凹坑，且倒截锥土体重力不足影响抗拔力。

3. 标准工艺要点

（1）拉线坑应挖斜坡（马道），回填土应有防沉土台。使拉线棒与拉线成一条直线。

（2）拉线盘装设，拉线棒应沿45° 马道方向埋设，拉线棒受力后不应弯曲。承力拉线与线路方向的中心线对应，拉线棒不得弯曲。

（3）拉线棒外露地面长度一般为500～700mm。

4．标准规范图例（图2-5-3、图2-5-4）

图2-5-3　拉线基坑设置斜坡（马道）示意图

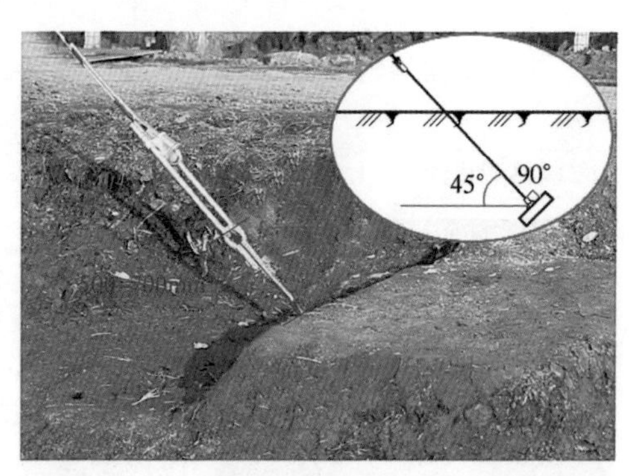

图2-5-4　拉线棒露出地面长度、拉线安装角度与拉线盘正确安装标准示意图

典型问题2　拉线UT形线夹施工工艺不规范

1．典型问题图例（图2-5-5）

2．典型问题解析

（1）钢绞线在UT形线夹舌板回转部分松股；拉线的各股线受力不均，影响钢绞线机械性能。

（2）螺杆丝扣在紧固后露出过短，易导致线夹变形、松动甚至脱落；拉线无法调整，螺母易脱落等问题。

3．标准工艺要点

（1）线夹舌板与拉线应吻合紧密，受力后应无滑动现象，并不应有松股现象。

（2）UT形线夹的螺杆应露扣，并应有不小于1/2 螺杆丝扣长度可供调紧。调整后，UT形线夹的双螺母应并紧。

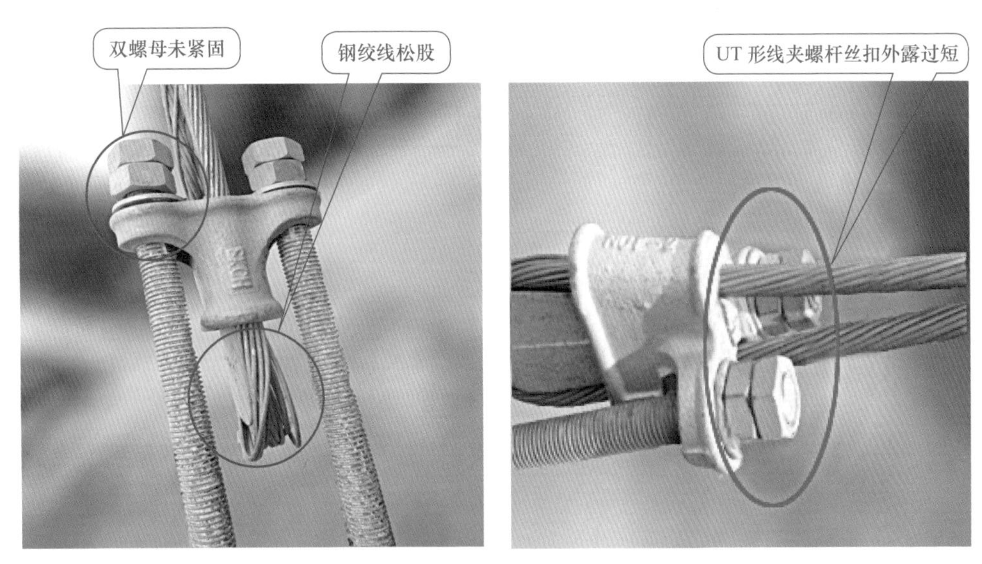

图2-5-5　拉线UT形线夹施工工艺不规范案例图

4. 标准规范图例（图2-5-6、图2-5-7）

图2-5-6　拉线UT形线夹舌板与拉线紧密贴合示意图

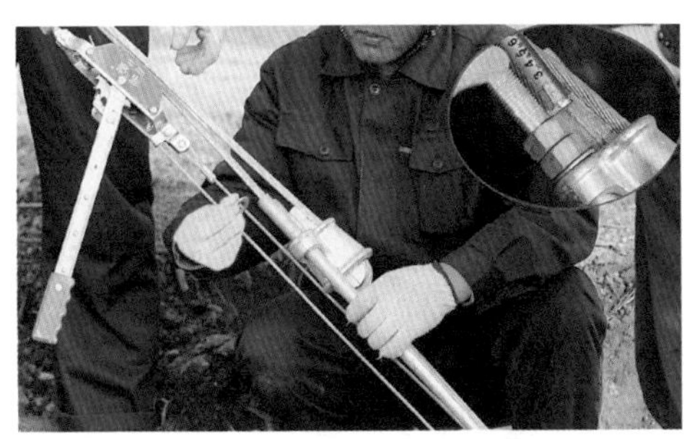

图2-5-7　拉线UT形线夹螺母安装与外露丝扣长度示意图

典型问题3 拉线与电杆夹角度数不合格

1. 典型问题图例（图2-5-8）

图2-5-8 拉线与电杆夹角过小案例图

2. 典型问题解析

拉线与电杆夹角过小、过大，导致拉线受力不平衡，电杆易倾斜。

3. 标准工艺要点

拉线与电杆夹角宜成45°，当受地形限制可适当调整，且不小于30°、不大于60°。

4. 标准规范图例（图2-5-9）

图2-5-9 拉线与电杆夹角标准示意图

典型问题4 拉线抱箍安装位置不正确

1. 典型问题图例（图2-5-10）

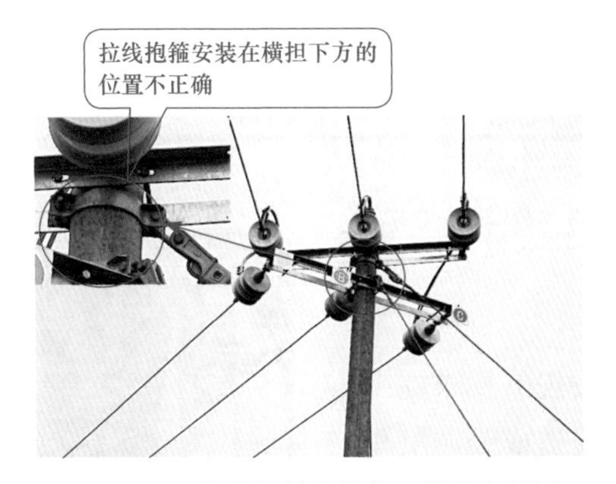

图2-5-10 拉线抱箍安装位置错误案例图

2. 典型问题解析

拉线抱箍安装在横担下方或上方，紧贴横担，易产生感应电流或在绝缘子击穿时导致电流接地，造成人身等伤害。

3. 标准工艺要点

拉线抱箍一般装设在相对应的横担下方，距横担中心线100mm处。

4. 标准规范图例（图2-5-11）

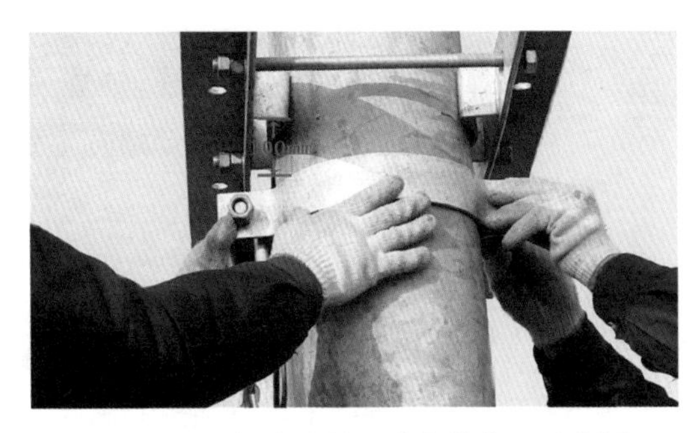

图2-5-11 拉线抱箍正确安装位置示意图

第六节 导线架设及固定

本节重点解析了导线架设、固定，横担选用等方面的6个“常见病”。

典型问题1 导线绝缘层损坏未处理

1. 典型问题图例（图2-6-1）

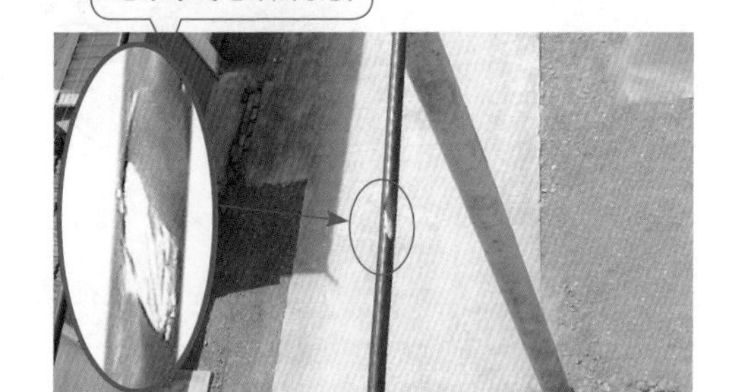

图2-6-1 绝缘导线绝缘层损伤案例图

2. 典型问题解析

导线展放时未按规范要求施工，导致绝缘层损伤，易造成线芯氧化、线路绝缘性能下降，易遭雷击。

3. 标准工艺要点

（1）绝缘线展放宜采用网套牵引，放线过程中，不应损伤导线的绝缘层和出现扭、弯等现象，接头应符合相关规定，破口处应进行绝缘修复处理。

（2）绝缘导线线芯裸露部位应采取相应绝缘措施，防止雨水浸入。

4. 标准规范图例（图2-6-2）

图2-6-2 绝缘导线线芯裸露部位采取绝缘措施示意图

典型问题 2　绝缘线与绝缘子间绑扎固定不规范

1. 典型问题图例（图2-6-3）

图2-6-3　柱式绝缘子采用裸导线绑扎案例图

2. 典型问题解析

（1）不应使用裸导线绑扎绝缘导线。因用裸导线绑扎时，裸导线机械强度比绝缘线机械强度大，易磨损绝缘层，如果遇裸导线有毛刺时，更易造成绝缘层损坏。

（2）绝缘子与绝缘线接触部分未用绝缘自粘带缠绕。

3. 标准工艺要点

（1）导线的固定应牢固、可靠，绑扎应符合“前三后四双十字”的工艺标准，绝缘子底部要加装弹簧垫。

（2）绝缘导线在绝缘子或线夹上固定应缠绕自粘带，缠绕长度应超过接触部分30mm，绑线应采用不小于2.5mm^{2}的单股铜塑线，严禁使用裸导线绑扎绝缘导线。

4. 标准规范图例（图2-6-4）

图2-6-4　柱式绝缘子正确绑扎示意图

典型问题3 终端线路尾线未回至主线绑扎

1. 典型问题图例（图2-6-5）

图2-6-5 终端线路尾线未回至主线绑扎案例图

2. 典型问题解析

终端线路尾线未回至主线绑扎，易造成导线抽芯、脱落。

3. 标准工艺要点

（1）除了NLD型耐张线夹不用回绑外，采用楔形耐张线夹均需要将线路终端尾线回至主线绑扎牢固。

（2）绑扎采用不小于2.5mm^{2}的单股铜塑线回绑，尾线预留1000mm，根据导线截面确定绑扎长度，最低不小于120mm。

（3）尾线端头应用自粘带缠绕包扎并做防水处理。

4. 标准规范图例（图2-6-6）

图2-6-6 终端线路尾线与主线正确绑扎示意图

典型问题4 直线转角使用单横担固定

1. 典型问题图例（图2–6–7）

图2–6–7 直线转角使用单横担固定案例图

2. 典型问题解析

线路转角0° ~15° 时，导线固定架设如使用单个支柱绝缘子固定，在导线拉力和重力影响下，易引起绝缘子断裂、脱落。

3. 标准工艺要点

线路转角0° ~15° ，应采用直线转角杆（双横担）；线路转角大于15° ，应使用带拉线转角杆或者使用无拉线耐张转角杆、跨越杆以及耐张钢管杆。

（注：上述提出的15° 为一般情况下的要求，具体情况需参照表2–6–1中关于10kV水泥单杆及钢管杆允许最大直线转角角度的要求。）

4. 标准规范图例（图2–6–8）

图2–6–8 直线转角使用双横担固定示例图

典型问题5 导线弧垂过大

1. 典型问题图例（图2-6-9）

图2-6-9 导线弧垂过大案例图

2. 典型问题解析

紧线过程中，未按照设计的要求紧线、终端杆塔放倾覆措施不当、线路档距过大等因素均会使线路弧垂过大。受风偏影响会导致相间安全距离不足、对地安全距离不足、线芯拉伸或机械劳损，甚至导线断裂，存在安全隐患。

3. 标准工艺要点

（1）紧线弧垂在挂线后应随即在观测档检查，弧垂需符合要求，不应出现弧垂不一致、导线歪扭、弯曲、导线过松或过紧等情况。

（2）10kV及以下架空电力线路的导线紧好后，弧垂的误差不应超过设计弧垂的±5%。同档内各相导线弧垂宜一致，导线水平排列时，每相弧垂相差不大于50mm。

（3）典型设计绝缘导线的适用档距不超过80m，裸导线的适用档距不超过250m，应符合表2-6-1和表2-6-2。

表2-6-1 10kV水泥单杆及钢管杆导线型号选取、适用档距、安全系数及允许最大直线转角角度

导线分类	适用档距(m)	导线型号	安全系数			导线允许最大直线转角（°）
			A区	B区	C区	
10kV绝缘导线	$L \leqslant 80$	JKLYJ-10/50	3.0	3.0	3.0	15
		JKLYJ-10/70	4.0	4.0	3.5	15
		JKLYJ-10/95	4.5	5.0	4.0	15
		JKLYJ-10/120	5.5	5.0	5.0	15
		JKLYJ-10/150	6.0	5.0	5.0	12

续表

导线分类	适用档距(m)	导线型号	安全系数			导线允许最大直线转角(°)
			A区	B区	C区	
10kV绝缘导线	$L\leqslant80$	JKLYJ–10/185	6.0	5.0	5.0	10
		JKLYJ–10/240	6.5	5.0	5.0	8
10kV裸导线	$L\leqslant80$	JL–120	6.0	5.0	5.0	15
		JL–150	6.0	5.0	5.0	12
		JL–185	6.5	5.0	5.0	10
		JL–240	7.0	5.5	5.0	8
	$L\leqslant120$	JL/G1A–50/8	7.5	6.0	6.0	15
		JL/G1A –70/10	8.5	7.0	7.0	15
		JL/G1A –95/15	10.5	8.5	8.5	15
		JL/G1A –120/20	10.0	8.5	8.5	12
		JL/G1A –150/20	10.0	8.0	8.0	10
		JL/G1A –185/25	11.0	8.5	8.5	8
		JL/G1A –240/30	12.0	10.0	10.0	8

表2–6–2　　10kV水泥双杆导线型号选取、适用档距、安全系数及允许最大直线转角角度

导线分类	适用档距(m)	导线型号	安全系数			导线允许最大直线转角(°)
			A区	B区	C区	
10kV裸导线	$L\leqslant250$	JL/G1A–50/8 *	3 ~ 4.5			0
		JL/G1A –70/10 *	3 ~ 4.5			0
		JL/G1A –95/15 *	3 ~ 4.5			0
		JL/G1A –120/20*	3 ~ 4.5			0
		JL/G1A –150/20*	3 ~ 4.5			0
		JL/G1A –185/25	3.5 ~ 4.5			0
		JL/G1A –240/30	4 ~ 4.5			0

4. 标准规范图例（图2-6-10）

图2-6-10 导线弧垂标准示意图

典型问题 6 导线与拉线间的最小净空距离不满足要求

1. 典型问题图例（图2-6-11）

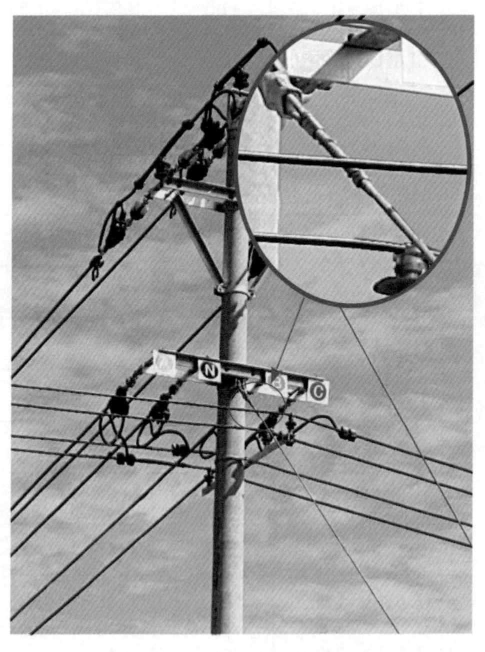

图2-6-11 导线与拉线间的最小净空距离不足案例图

2. 典型问题解析

配电线路的导线与拉线的最小净空距离不足，易导致拉线带电，对人以及牲畜造成意外伤害。

3. 标准工艺要点（表2-6-3）

表2-6-3 配电线路的导线与拉线、电杆或构架间的最小净空距离 m

电压等级	海拔			
	1000 及以下	1000~2000	2000~3000	3000~4000
1kV 以下	0.100	0.113	0.128	0.144
1 ~ 10kV	0.200	0.226	0.256	0.288

（1）如拉线与导线之间的距离小于表2-6-3中所列数值，应采取适当调整拉线抱箍位置、横担安装位置、拉线方向或拉线对地夹角（原则上不超过60°）等措施以满足表2-6-3的安全距离要求。

（2）拉紧绝缘子的安装高度在断拉线的情况下，对地距离不得小于2.5m，且不应以悬式绝缘子代替拉紧绝缘子安装。

4. 标准规范图例（图2-6-12、图2-6-13）

调整横担上、下安装位置，避免了出现拉线穿越线路的情况

图2-6-12 调整横担安装位置以满足最小净空距离示例图

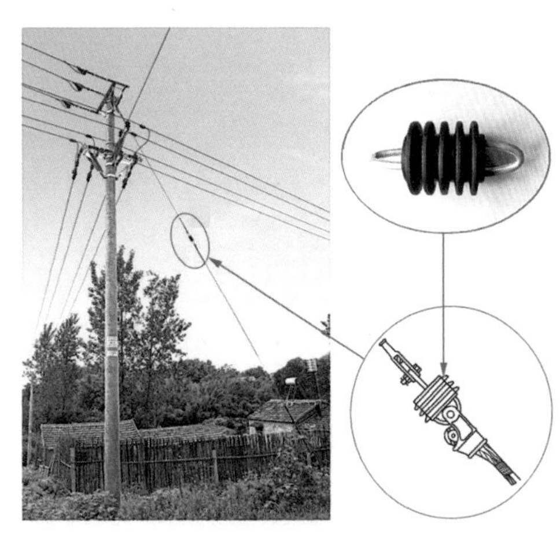

图2-6-13 拉线穿越低压线路安装拉紧绝缘子示例图

第三章

低压户表

本章依据《国家电网公司380/220V配电网工程典型设计（2014年版）》，对接户线、进户线的固定与敷设、接户线与建筑物和弱电线路的安全距离等环节的“常见病”进行解析。

典型问题1 接户线T接不规范

1. 典型问题图例（图3-1-1、图3-1-2）

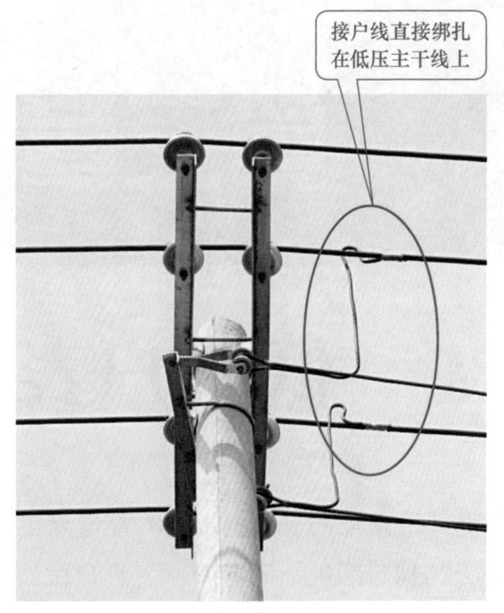

图3-1-1　接户线绑扎不规范案例图

图3-1-2　接户线未规范固定案例图

2. 典型问题解析

（1）接户线直接绑扎、缠绕在低压主干线路上，绑扎处易发热氧化，导致接触不良，引起发热、断线。

（2）接户线自主干线上T接而下，未采用接户线横担引接或抱箍与线夹固定。

3. 标准工艺要点

（1）接户线与低压主干线连接应使用节能型线夹可靠连接，如异型并沟线夹、C形线夹、液压型线夹等。

（2）接户线自主干线T接而下时，应采用接户线横担引接和蝶式绝缘子固定或采用抱箍与耐张线夹及悬垂线夹固定，接户线横担和抱箍距离线路横担不小于300mm；一根电杆接户线不宜超过2处；接户线的相线和零线应从同一电杆上T接。

4. 标准规范图例（图3-1-3～图3-1-5）

图3-1-3 接户线采用并沟线夹T接示意图

图3-1-4 绝缘线用横担引接固定示意图

图3-1-5 集束导线采用抱箍、耐张线夹固定示意图

典型问题2 接户线与进户线敷设不规范

1. 典型问题图例（图3–1–6）

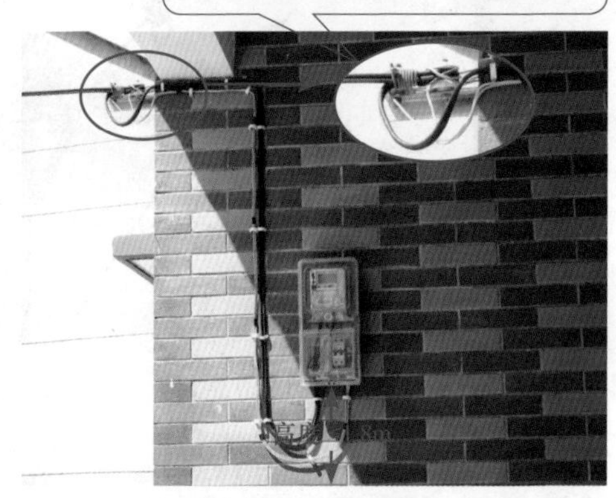

图3–1–6 接户线与进户线并列敷设不规范案例图

2. 典型问题解析

（1）接户线采用集束导线时，接户点使用了ED型蝴蝶绝缘子固定。

（2）接户线与进户线缠绕在同一个绝缘子上。

（3）进户线与接户线并列敷设。

（4）电能表箱底部距地面高度小于1.8m。

3. 标准工艺要点

（1）当接户线采用集束导线时，用集束耐张线夹与角钢支架或一字铁可靠连接固定。

（2）接户点对地高度不低于2.5m。

（3）进户线与接户线应分开敷设，严禁进户线与接户线缠绕在同一个绝缘子上。

（4）电能表箱底部距地面高度宜为1.8～2.0m。

4. 标准规范图例（图3-1-7）

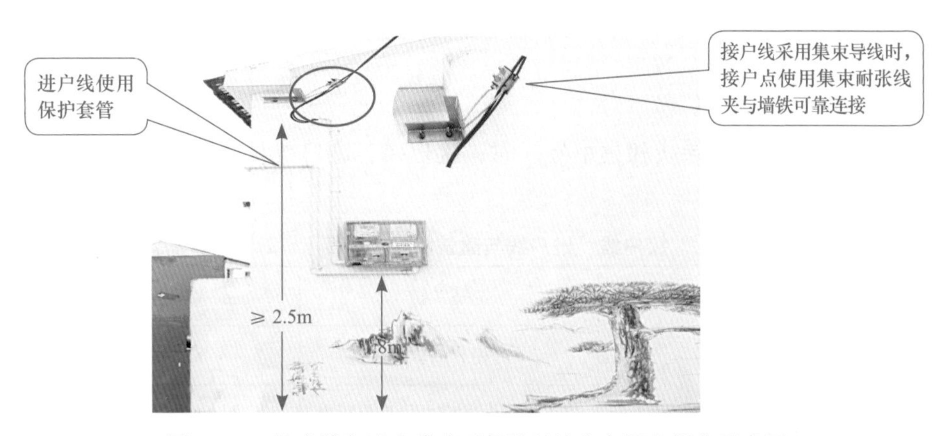
进户线使用
保护套管
接户线采用集束导线时，
接户点使用集束耐张线
夹与墙铁可靠连接
≥ 2.5m
1.8m

图3-1-7　接户线与进户线分开敷设且接户点固定规范示意图

典型问题 3　接户线、进户线与建筑物安全距离不足

1. 典型问题图例（图3-1-8）

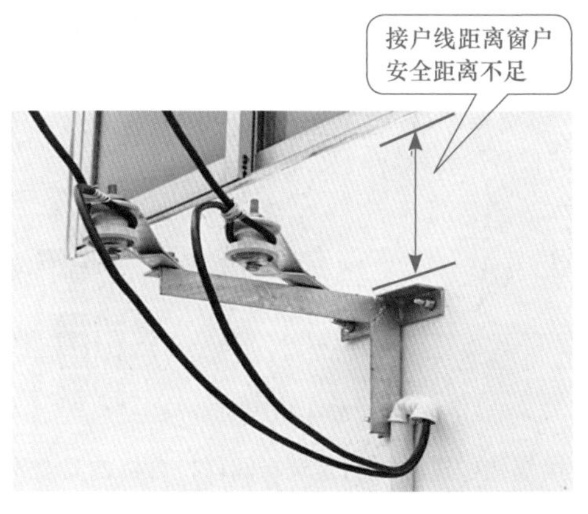
接户线距离窗户
安全距离不足

图3-1-8　接户线、进户线与建筑物安全距离不足案例图

2. 典型问题解析

接户线与上方换气窗的垂直距离过近，小于800mm。

3. 标准工艺要点

接户线采用绝缘导线和集束导线时，接户线、进户线与建筑物安全距离见表3-1-1。

表3-1-1 接户线、进户线与建筑物安全距离 mm

	与建筑物	安全距离
接户线、进户线	与下方窗户的垂直距离	≥ 300
	与上方阳台或窗户的垂直距离	≥ 800
	与窗户或阳台的水平距离	≥ 750
	与墙壁、构架的水平距离	≥ 50
接户线（当接户线采用架空绝缘线时）	自电杆引下部分线间距离	≥ 150
	沿墙敷设部分线间距离	≥ 100

4. 标准规范图例（图3-1-9）

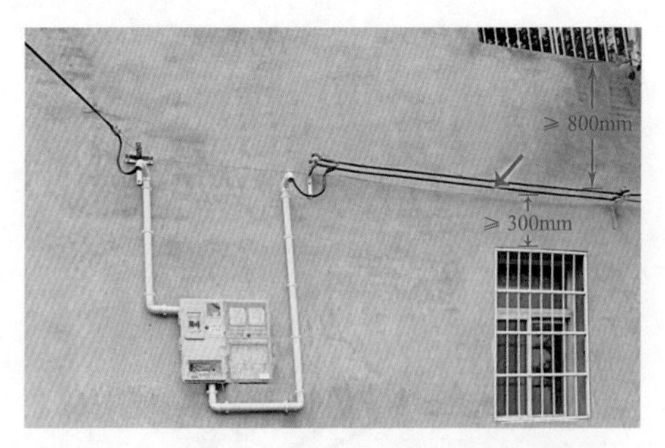

图3-1-9 接户线、进户线与建筑物间保持合格的安全距离示意图

典型问题 4 接户线、进户线与弱电线路安全间距不足

1. 典型问题图例（图3-1-10）

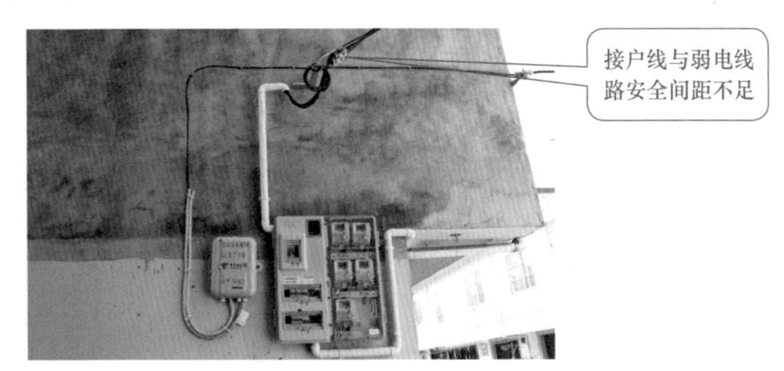

图3-1-10 接户线与弱电线路安全间距不足案例图

2. 典型问题解析

接户线在弱电线路上方安全距离不足600mm。

3. 标准工艺要点

接户线在弱电线路的安全距离见表3-1-2。

表3-1-2 接户线与弱电线路的安全距离 mm

接户线与弱电线路位置	安全距离
接户线在弱电线路的两侧	大于 600
接户线在弱电线路的上方	大于 600
接户线在弱电线路的下方	大于 300

4. 标准规范图例（图3-1-11）

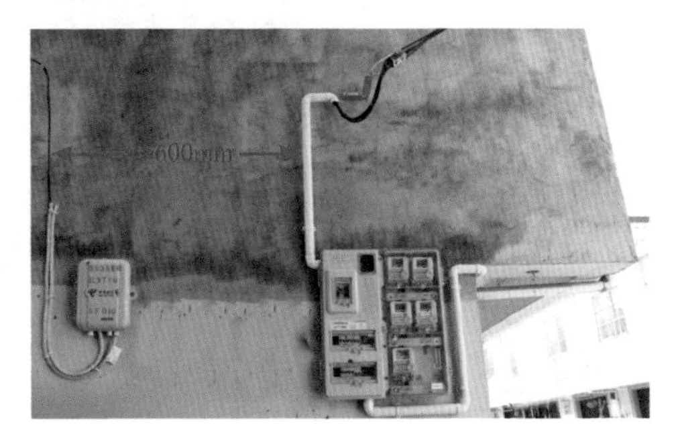

图3-1-11 接户线与弱电线路分开敷设示意图

典型问题5 接户线长度过大未设置接户杆

1. 典型问题图例（图3-1-12）

图3-1-12 接户线长度过大案例图

2. 典型问题解析

接户线长度大于25m，未设置接户杆，当风偏摆动幅度较大时，易造成两端固定点处线芯机械受损发生短路或断线。

3. 标准工艺要点

220V接户线长度不宜大于25m，超过25m时宜设接户杆，总长度（包括沿墙敷设部分）不宜超过50m。

4. 标准规范图例（图3-1-13）

图3-1-13 接户线长度过大时增设接户杆示意图

典型问题6 沿墙敷设接户线两支持点间距过大

1. 典型问题图例（图3-1-14）

图3-1-14　接户线两支持点间距过大案例图

2. 典型问题解析

沿墙敷设的接户线两支持点间距大于6m未增加支持点，易造成接户线对地安全距离不足。

3. 标准工艺要点

沿墙敷设的接户线、进户线，两支持点间的距离不应大于6m，超过6m时应增加支持点（支架、墙铁）固定。

4. 标准规范图例（图3-1-15）

图3-1-15　两支持点间距不超过6m示意图

典型问题 7 接户线未做滴水弯

1. 典型问题图例（图3-1-16）

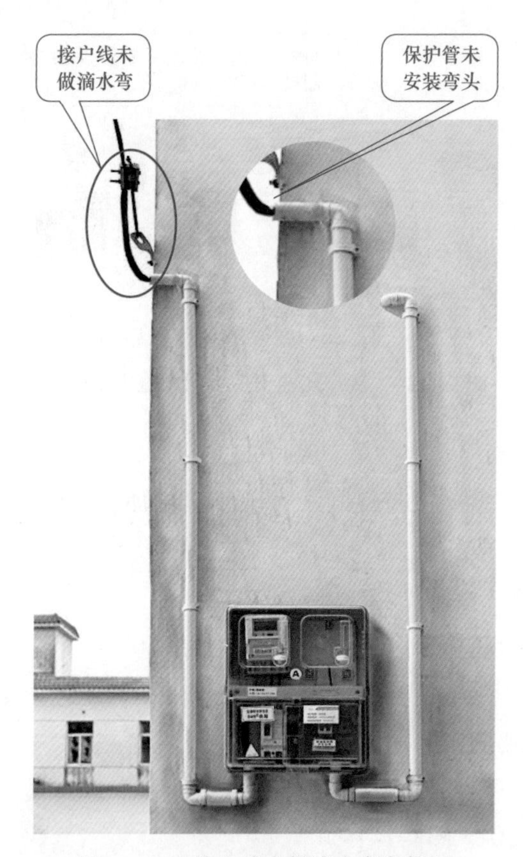

图3-1-16 接户线未做滴水弯案例图

2. 典型问题解析

接户线未做滴水弯；保护管未安装弯头，易进水。

3. 标准工艺要点

接户线应做滴水弯；保护管应安装弯头。

4. 标准规范图例（图3-1-17）

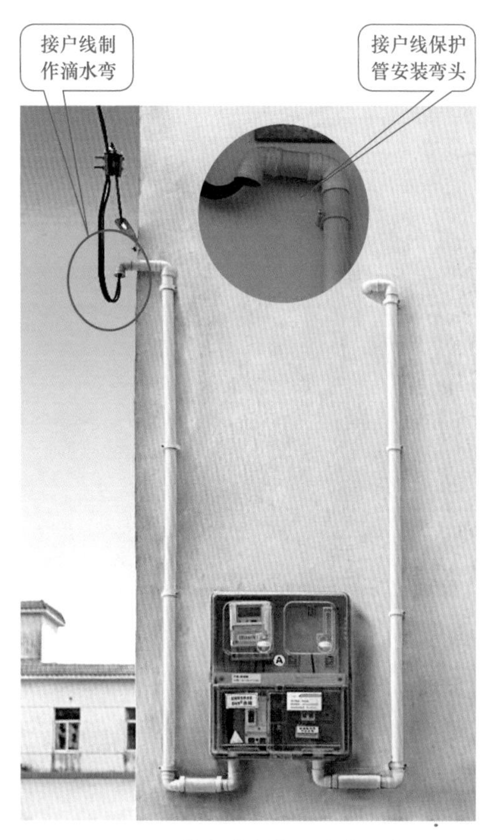

图3-1-17　接户线制作滴水弯示意图

第四章

电缆线路

本章依据《国家电网公司配电网工程典型设计 10kV电缆分册（2016年版）》，对土建施工、电缆敷设、电缆附件安装、接地装置安装4个施工环节的“常见病”进行解析。

第一节 土建施工

本节重点解析了电缆土建施工环节开挖、管道排列、管口处理、电缆沟、回填土等方面8个“常见病”。

典型问题1 电缆直埋沟槽开挖深度不足

1. 典型问题图例（图4-1-1）

图4-1-1 沟槽开挖深度不足案例图

2. 典型问题解析

（1）电缆沟槽开挖深度不够，导致电缆外皮距地表深度不足0.7m，易造成电缆外破。

（2）电缆直埋敷设没有沿电缆路径全长铺沙，覆盖宽度不小于电缆两侧各50mm的保护盖板，易造成电缆外破。

3. 标准工艺要点

（1）电缆直埋敷设时，应沿电缆路径全长铺沙，覆盖宽度不小于电缆两侧各50mm的保护盖板，宜采用混凝土盖板。

（2）电缆外皮距地表深度不得小于0.7m，当位于行车道或路口地下时，应适当加深，且不宜小于1m。

（3）直埋敷设的电缆，严禁位于地下管道的正上方或正下方。

（4）电缆与电缆、管道、道路、构筑物等之间的容许最小距离，应符合表4-1-1的规定。

表4-1-1　　电缆与电缆、管道、道路、构筑物之间的最小距离　　m

电缆直埋敷设时的配置情况		平行	交叉
控制电缆之间		—	0.5[①]
电力电缆之间或与控制电缆之间	10kV 及以上电力电缆	0.1	0.5[①]
	10kV 及以下电力电缆	0.25[②]	0.5[①]
不同部门使用的电缆		0.5[②]	0.5[①]
电缆与地下管沟	热力管沟	2[②]	0.5[①]
	油管或易（可）燃气管道	1.0	0.5[①]
	其他管道	0.5	0.5[①]
电缆与铁路	非直流电气化铁路铁轨	3	1.0
	直流电气化铁路铁轨	10	1.0
电缆与建筑物基础		0.6[③]	—
电缆与公路边		1.0[③]	
电缆与排水沟		1.0[③]	
电缆与树木的主干		0.7	
电缆与 1kV 以下架空线电杆		1.0[③]	
电缆与 1kV 以上架空线杆塔基础		4.0[③]	

① 用隔板分隔或电缆穿管时不得小于0.25m。

② 用隔板分隔或电缆穿管时不得小于0.1m。

③ 特殊情况时，减小值不得小于50%。

4. 标准规范图例（图4-1-2）

图4-1-2　直埋开挖深度标准示意图

典型问题2 电缆水平保护管距离垂直保护管距离过近

1. 典型问题图例（图4-1-3）

电缆水平保护管口距离垂直保护管过近，造成电缆弯曲半径不足

图4-1-3 水平保护管距垂直保护管过近案例图

2. 典型问题解析

电缆水平保护管距离垂直保护管距离过近、深度过浅，造成电缆敷设弯曲半径不满足大于电缆外径15倍的要求。

3. 标准工艺要点

电缆在任何敷设方式及其全部路径条件的上下左右改变部位，最小弯曲半径均应满足设计或规范要求，电缆的允许弯曲半径，应符合电缆绝缘及其构造特性的要求，一般大于电缆外径15倍。

4. 标准规范图例（图4-1-4）

水平电缆保护管管口距离垂直保护管距离合适，电缆弯曲半径大于其外径 15 倍

图4-1-4 水平保护管距垂直保护管距离合适示意图

典型问题3 排管排列不整齐

1. 典型问题图例（图4-1-5）

图4-1-5 排管排列不整齐案例图

2. 典型问题解析

电缆排管没有使用管枕，在电缆沟（井）出入口处，管子排列不整齐，造成后期电缆敷设交叉混乱。

3. 标准工艺要点

排管在选择路径时，应尽可能取直线，排管连接处应设立管枕。排管敷设应整齐有序。排管应采用混凝土包封，上层应设置严禁开挖警示带。

4. 标准规范图例（图4-1-6、图4-1-7）

图4-1-6 排管排列整齐示意图

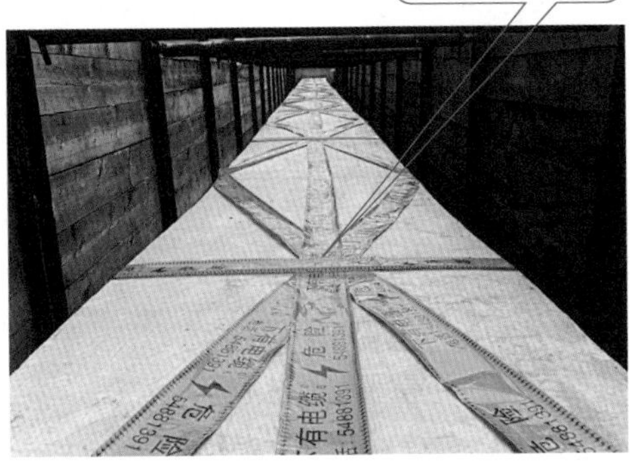

图4-1-7 排管上敷设警示带示意图

典型问题4 电缆保护管管口有毛刺或异物不光滑

1. 典型问题图例（图4–1–8）

图4–1–8 保护管管口不光滑案例图

2. 典型问题解析

电缆保护管管口不光滑，有毛刺，或者是管口存在锐角，在电缆敷设时，容易刮伤电缆外皮，造成电缆外皮破损。

3. 标准工艺要点

电缆采用保护管敷设时，保护管内壁和管口应光滑无毛刺，采用通管器来回拖拉清理管内杂物，管口应采取防止损伤电缆的处理措施，如将管口做倒角，减少对电缆外皮的割划。

4. 标准规范图例（图4–1–9）

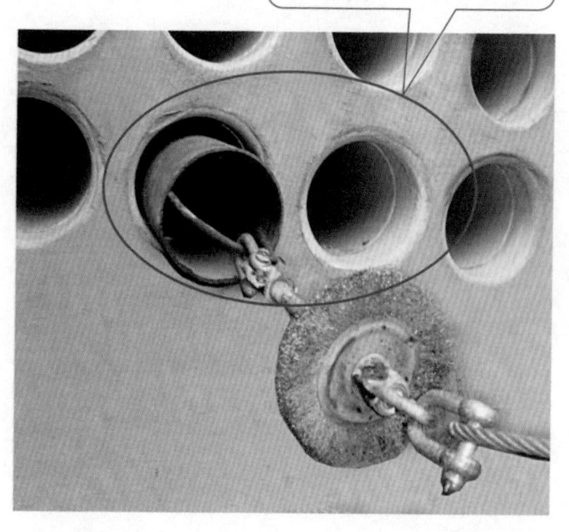

电缆保护管管口作倒角，采取防止刮伤电缆措施，采用通管器来回拖拉清理管内杂物

图4–1–9 保护管管口处理标准示意图

典型问题 5　电缆管道口距沟（井）底距离不足

1．典型问题图例（图4-1-10）

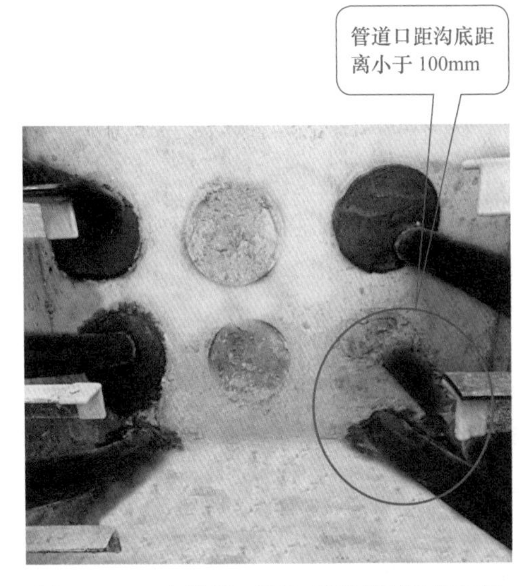

图4-1-10　电缆管口距沟底距离不足案例图

2．典型问题解析

电缆保护管口距沟（井）底太近，无法设置电缆敷设用的滑轮，电缆会在沟（井）底拖行，粗糙的沟（井）底会刮伤电缆外护套。

3．标准工艺要点

电缆保护管管口底距离沟（井）底应不小于100mm，留出设置滑轮等保护措施的空间。

4．标准规范图例（图4-1-11）

图4-1-11　保护管距沟底距离标准示意图

典型问题6 电缆沟压顶和盖板制作安装不规范

1. 典型问题图例（图4-1-12）

盖板吊装孔过小，压顶未设置护口件，盖板尺寸与压顶不匹配，留缝过大

图4-1-12 电缆沟压顶和盖板制作不规范案例图

2. 典型问题解析

电缆沟盖板设置吊装孔过小，无法安装起吊挂钩，造成盖板起吊困难；盖板和压顶四周未设置护口件，造成四周抗应力能力薄弱易损坏；盖板尺寸不匹配电缆沟压顶，造成缝隙过大，易进杂物或对行人造成伤害。

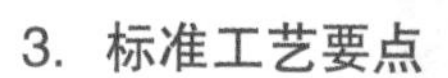

3. 标准工艺要点

（1）盖板为钢筋混凝土预制件，四周宜设置预埋护口件（宜为热镀锌角钢）。其中位于机动车道上的盖板应采用加强型盖板。

（2）盖板尺寸应严格配合电缆沟尺寸，且盖板间的缝隙应在5mm左右。盖板表面平整不积水，敷设后踩踏无异响。

（3）一定数量的盖板上应设置供搬运、安装用的吊装孔（拉环，拉环宜能伸缩）。

4. 标准规范图例（图4-1-13、图4-1-14）

图4-1-13 电缆沟压顶和盖板制作规范标准示意图

图4-1-14 加强型盖板标准示意图

典型问题 7　电缆沟内未设置积水设施

1. 典型问题图例（图4-1-15）

图4-1-15　电缆沟内未设积水设施案例图

2. 典型问题解析

电缆沟未设置积水坑，沟（井）底反水坡坡过小，不满足要求，造成积水后无法排净，影响沟（井）内作业。

3. 标准工艺要点

（1）电缆沟底板反水坡度应统一指向积水坑，反水坡度宜大于0.5%。积水坑尺寸应能满足排水泵放置要求。坑顶设置保护盖板，盖板上设置泄水孔。

（2）具备条件情况下，需同“三污干管”（雨水管、污水管、废水管）连通或设置强排装置。

4. 标准规范图例（图4-1-16、图4-1-17）

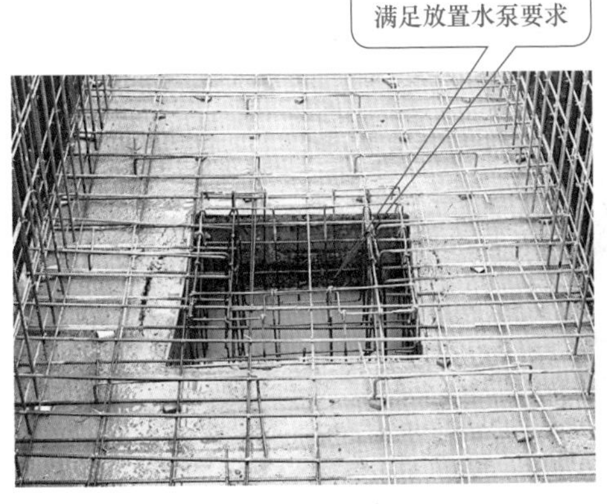

图4-1-16　积水坑做法示意图

图4-1-17　积水坑设置保护盖板示意图

典型问题 8 电缆通道回填土不规范地面下陷

1. 典型问题图例（图4-1-18）

图4-1-18 通道开挖回填不规范案例图

2. 典型问题解析

电缆通道回填土松散，造成后期地表塌陷。

3. 标准工艺要点

（1）电缆通道回填土应分层夯实，回填土中不应含有石块、建筑垃圾或其他硬质物。

（2）在通道本体上部应铺设防止外力损坏的警示带，然后再分层夯实回填至地面修复高度。

（3）对管群两侧的回填应严格按照均匀、同步进行的原则回填。

4. 标准规范图例（图4-1-19）

图4-1-19 通道开挖回填规范示意图

第二节　电缆敷设

本节重点解析了电缆敷设施工环节电缆间距、电缆展放、管道使用、孔洞封堵、固定等方面7个“常见病”。

典型问题1　直埋电缆间距不足

1. 典型问题图例（图4-2-1）

2. 典型问题解析

同路径直埋敷设的多回路电缆间安全距离不满足要求。

3. 标准工艺要点

相同电压的电缆并列敷设时，电缆间的净距不应小于100mm。

4. 标准规范图例（图4-2-2）

直埋电缆间距小于 100mm

图4-2-1　电缆直埋间距不足案例图

图4-2-2　电缆直埋间距规范示意图

典型问题2 电缆敷设时不使用专用工器具，直接在地面拖拉、转弯处、过切角处不采取保护措施

1. 典型问题图例（图4-2-3、图4-2-4）

电缆外护套因同地面摩擦，出现破损
电缆直接在地面拖拉未采取保护措施

图4-2-3　敷设电缆未采用滚轮装置案例图

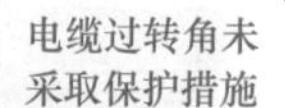
电缆过转角未采取保护措施

图4-2-4　敷设电缆转角处未采用滚轮组装置案例图

2. 典型问题解析

电缆敷设时强拉硬拽，直接在地面拖拉，对电缆造成机械损伤和外皮破损。

3. 标准工艺要点

（1）电缆敷设时，电缆所受牵引力、侧压力和弯曲半径应符合GB 50168《电气装置安装工程电缆线路施工及验收规范》的规定。不应超过电缆能够耐受的拉力。

（2）沟（井）内的电缆进入排管前，宜在电缆表面涂中性润滑剂。在电缆牵引头、电缆盘、牵引机、过路管口、转弯处、支架以及可能造成电缆损伤的地方，采取保护措施。

（3）电缆敷设前，在线盘、隧道口、隧道竖井内及隧道转角处搭建放线架，

将电缆盘、牵引机、履带输送机、滚轮等布置在适当的位置，电缆盘应有刹车装置。

（4）敷设电缆时，在电缆牵引头、电缆盘、牵引机、履带输送机、电缆转弯处等应设有专人负责检查并保持通信畅通。

4. 标准规范图例（图4–2–5～图4–2–7）

图4–2–5 敷设电缆在转角处采用滚轮组示意图

图4–2–6 敷设电缆采用电缆输送机示意图

电缆敷设时在合适位
置设置滚轮保护，避
免电缆与地面摩擦

图4–2–7 敷设电缆采用滚轮装置示意图

典型问题 3 电缆敷设过紧没有裕度，敷设交叉混乱

1. 典型问题图例（图4-2-8）

图4-2-8 电缆敷设过紧、交叉案例图

2. 典型问题解析

电缆敷设没有预留伸缩裕度，电缆施放过紧，悬空放置，电缆在沟内交叉混乱敷设，影响运行维护。

3. 标准工艺要点

电缆敷设完成后应留有伸缩裕度，电缆应固定在支架上，并应保证电缆配置整齐。

4. 标准规范图例（图4-2-9）

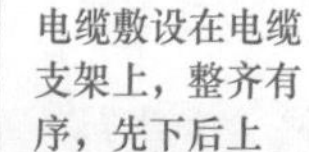

电缆敷设在电缆
支架上，整齐有
序，先下后上

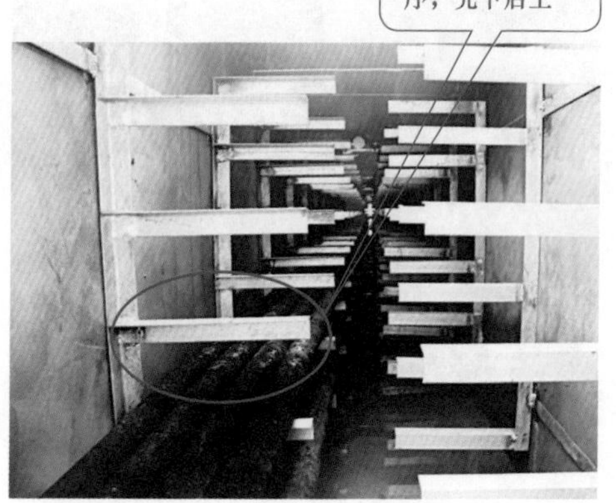

图4-2-9 电缆敷设整齐有序示意图

典型问题 4　电缆敷设最小弯曲半径过小

1. 典型问题图例（图4-2-10）

电缆弯曲
半径过小

图4-2-10　电缆转弯半径过小案例图

2. 典型问题解析

电缆最小弯曲半径过小，容易导致电缆内部机械损伤，机械强度降低，进而造成绝缘损坏故障。

3. 标准工艺要点

电缆的允许弯曲半径应符合电缆绝缘及其构造特性的要求，见表4-2-1。

表4-2-1　　电缆允许弯曲半径

项目	35kV 及以下的电缆				66kV 及以上的电缆
	单芯电缆		三芯电缆		
	无铠装	有铠装	无铠装	有铠装	
敷设时	20*D*	15*D*	15*D*	12*D*	20*D*
运行时	15*D*	12*D*	12*D*	10*D*	15*D*

注　1. “*D*” 成品电缆标称外径。
2. 非本表范围电缆的最小弯曲半径按制造厂提供的技术资料的规定。

4. 标准规范图例（图4-2-11）

电缆弯曲半径一般大
于电缆外径 15 倍

图4-2-11　电缆转弯半径合格示意图

典型问题5 电缆管道无序使用、管口未封堵

1. 典型问题图例（图4-2-12）

电缆管无序使用，电缆穿管混乱。穿管过建（构）筑物孔洞处未做封堵

图4-2-12 电缆管道无序使用未封堵案例图

2. 典型问题解析

（1）电缆穿管无序，造成通道内电缆敷设混乱，不利于后期电缆有序敷设。

（2）管孔（含已敷设电缆）未密封，易造成火灾蔓延或者电缆沟（井）内积水。

3. 标准工艺要点

（1）电缆管道的使用应按照从下至上有序使用的原则，提前规划好管孔使用位置，避免交叉和敷设混乱的情况发生。

（2）电缆进入电缆沟、隧道、竖井、建筑物、盘（柜）以及穿入管子时，出入口应封闭，管口应密封。电缆构筑物中电缆引至电气柜、盘或控制屏、台的开孔部位，电缆贯穿隔墙、楼板的孔洞处，工作井中电缆管孔等均应实施阻火封堵。

（3）电缆进入变（配）电站或电缆竖井时，应设置阻燃点。阻燃点可采用无机堵料防火灰泥或者有机堵料如防火泥、防火密封胶、防火泡沫、防火发泡砖、矿棉板或防火板等封堵。防火隔板厚度不宜小于10mm。

4. 标准规范图例（图4-2-13～图4-2-15）

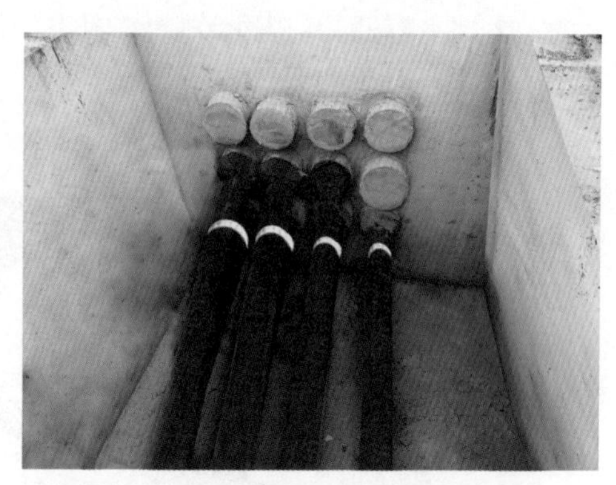

图4-2-13 电缆管道有序使用示意图

图4-2-14 电缆通道封堵规范示意图1

图4-2-15 电缆通道封堵规范示意图2

典型问题6 电缆进入电气盘、柜的孔洞封堵采用非阻燃材料

1. 典型问题图例（图4-2-16）

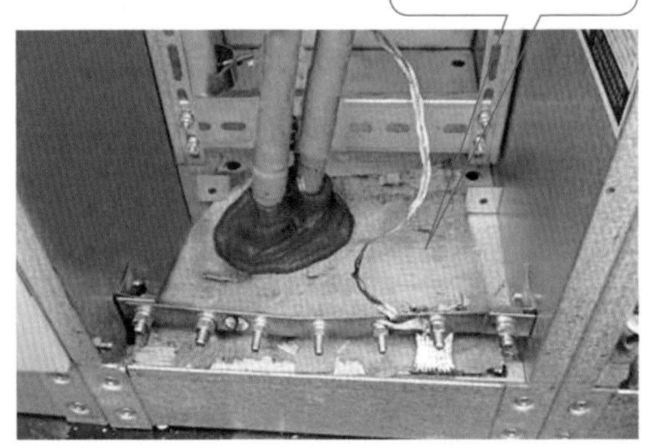

开关柜柜底封堵
采用木工板封堵，
未采用阻燃材料

图4-2-16 盘柜封堵采用非阻燃材料案例图

2. 典型问题解析

电缆进入电气盘、柜的孔洞处未做防火封堵，或者封堵材料使用非阻燃材料，不能起到阻火作用。

3. 标准工艺要点

（1）电缆进入电气盘、柜的孔洞处应做防火封堵，采用防火材料（防火隔板、防火封堵泥）封堵平整。

（2）防火隔板厚度不宜小于10mm。用隔板与有机防火堵料配合封堵时，防火堵料应略高于隔板，高出部分应形状规则。

4. 标准规范图例（图4-2-17）

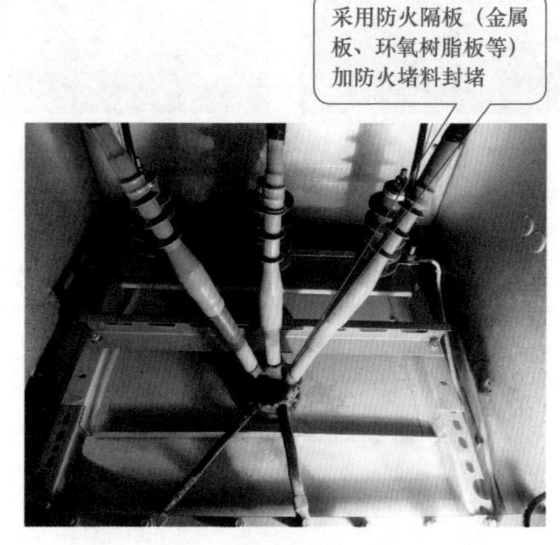
采用防火隔板（金属板、环氧树脂板等）加防火堵料封堵

图4-2-17　盘柜封堵规范示意图

典型问题7　电缆未使用固定支架，垂直固定未加绝缘垫层

1. 典型问题图例（图4-2-18、图4-2-19）

电缆垂直固定在对分抱箍内

图4-2-18　电缆垂直固定未采用支架案例图

电缆垂直固定未加装绝缘垫层

图4-2-19　电缆垂直固定未加垫层案例图

2. 典型问题解析

电缆直接固定在对分抱箍内，过度挤压电缆造成损伤。电缆支架固定电缆没有安装绝缘垫层，安装时容易损伤电缆外绝缘层。

3. 标准工艺要点

电缆应固定在电缆固定支架上，电缆和夹具间要加衬垫。固定电缆的夹具应表面平滑、便于安装、具有足够的机械强度和适合使用环境的耐久性特点。

4. 标准规范图例（图4–2–20）

图4–2–20　电缆垂直固定规范示意图

第三节　电缆附件安装

本节重点解析了电缆附件安装方面的8个“常见病”。

典型问题1 电缆开剥前不测量尺寸

1. 典型问题图例（图4–3–1）

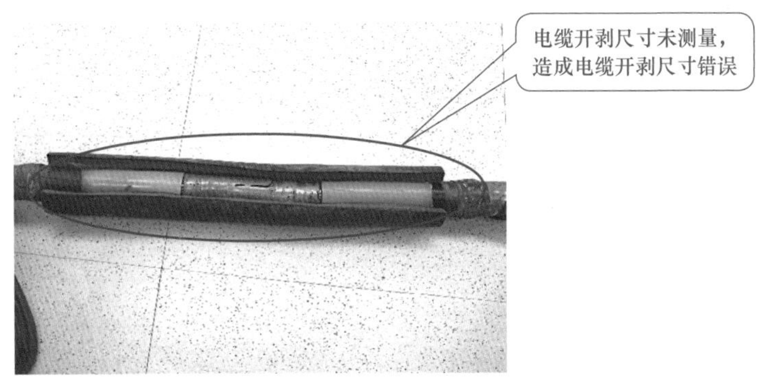

图4–3–1　电缆开剥尺寸错误案例图

2. 典型问题解析

开剥电缆时，不同型号产品的电缆预处理开剥尺寸不同，仅凭经验开剥，导致电缆附件无法按尺寸安装。半导电层及主绝缘层未按图纸尺寸开剥，导致电缆无法安全运行。

3. 标准工艺要点

电缆制作接头前应检查附件规格与电缆型号是否匹配。预制式中间接头、终端头应按照制造商工艺图纸施工。预制件定位前应在接头两侧做标记。

4. 标准规范图例（图4–3–2）

电缆开剥前应按照电缆附件制作要求进行尺寸测量，预留尺寸

图4–3–2 电缆开剥前需测量尺寸示意图

典型问题 2 剥离电缆内护套不规范

1. 典型问题图例（图4–3–3）

2. 典型问题解析

剥离内护套刀口垂直护套划割，容易造成电缆护层切割过深，损伤下一层结构。

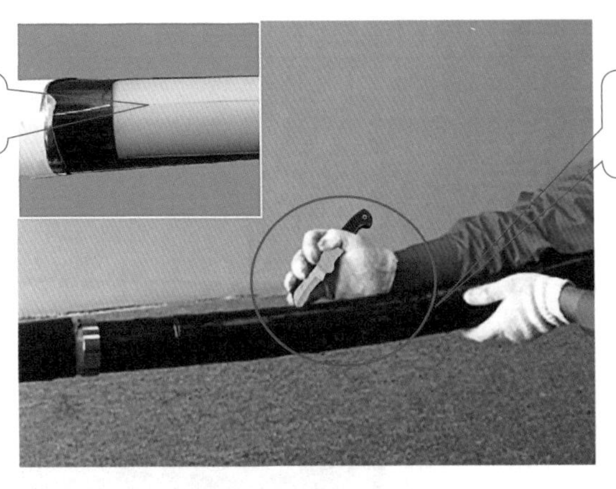
电缆半导电层、主绝缘层受损有划痕
剥离电缆内护套刀口沿电缆垂直划割，易损伤电缆下层结构

图4-3-3 电缆开剥护套不规范案例图

3. 标准工艺要点

剥切电缆护层时行刀方向应从内侧向端头，边剥离护套边划割护套，避免割伤下层结构。

4. 标准规范图例（图4-3-4）

图4-3-4 电缆开剥护套规范示意图

典型问题3 铜屏蔽层切口不整齐有尖角

1. 典型问题图例（图4–3–5）

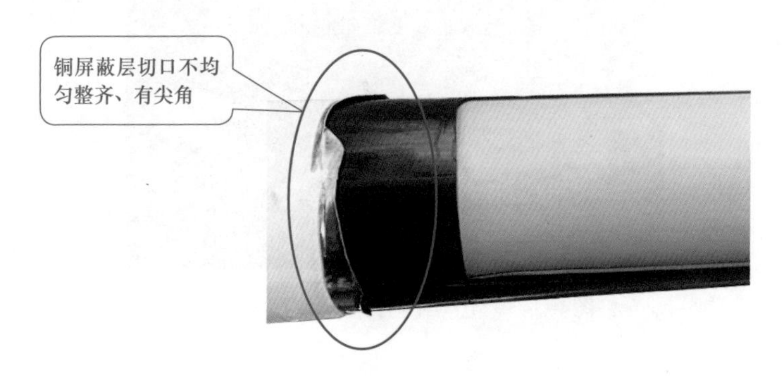

图4–3–5 铜屏蔽层切口不整齐案例图

2. 典型问题解析

切剥铜屏蔽层切口不均匀整齐、有尖角，易形成局部放电点，影响电缆安全运行。

3. 标准工艺要点

剥切电缆屏蔽层时不得损伤下层结构，屏蔽层断口要均匀整齐，不得有尖角及快口。

4. 标准规范图例（图4–3–6）

图4–3–6 铜屏蔽层切口整齐示意图

典型问题4 外半导电层端口未切削打磨

1. 典型问题图例（图4-3-7）

图4-3-7 外半导电层端口未打磨案例图

2. 典型问题解析

外屏蔽层剥除后，外半导电层端口未进行切削打磨，与绝缘层过渡不圆滑，易形成局部放电点。

3. 标准工艺要点

冷缩和预制终端头，剥切外半导电层时，外屏蔽层端口切削成2～5mm的小斜坡并打磨光洁，与绝缘层圆滑过渡。

4. 标准规范图例（图4-3-8）

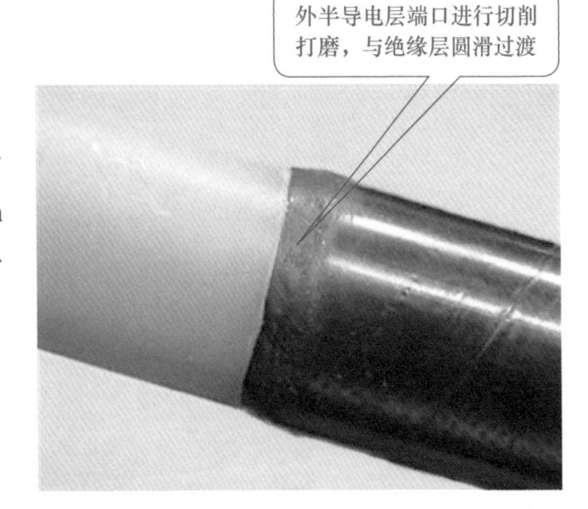

图4-3-8 外半导电层端口打磨示意图

典型问题5 电缆绝缘层清洁方向错误

1. 典型问题图例（图4-3-9）

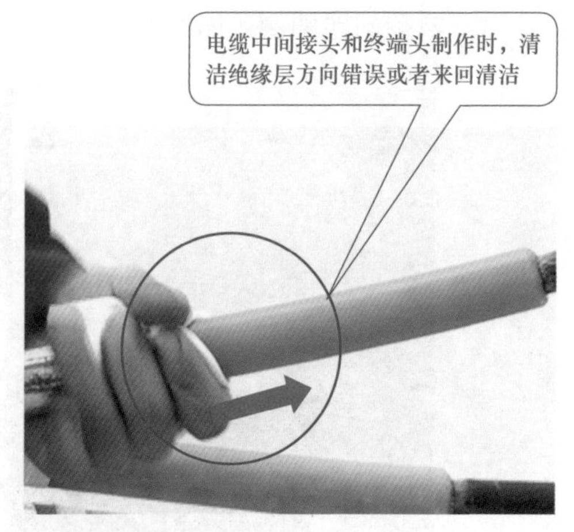

电缆中间接头和终端头制作时，清洁绝缘层方向错误或者来回清洁

图4-3-9 绝缘层清洁方向错误案例图

2. 典型问题解析

交联电缆预制式中间接头和终端头制作时，清洁绝缘层方向从外半导电层向绝缘层擦拭，或者来回反复擦拭，易造成绝缘层附着半导电粒子，影响绝缘。

3. 标准工艺要点

预制件定位前应将电缆表面清洁干净，并均匀涂抹硅脂，清洁方向只允许从绝缘层端向外半导电层单向擦拭，不得反复擦拭。绝缘表面处理应光洁、对称。

4. 标准规范图例（图4-3-10）

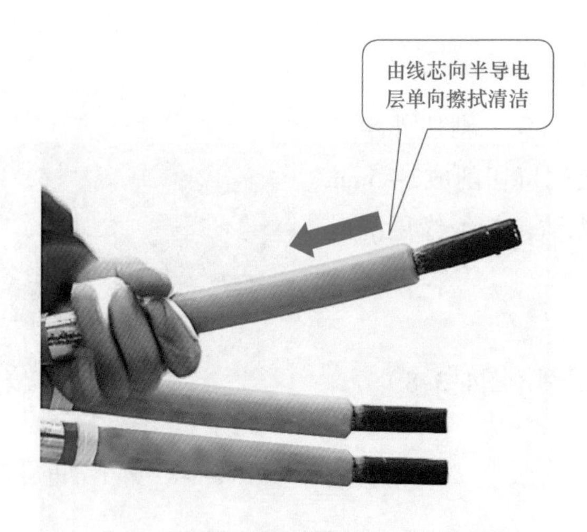

图4-3-10 绝缘层清洁方向正确示意图

典型问题 6 预制式终端头预留长度过长

1. 典型问题图例（图4–3–11）

2. 典型问题解析

电缆终端头线芯预留过长，导致终端弯曲严重，离设备壳体距离过近，存在安全隐患。

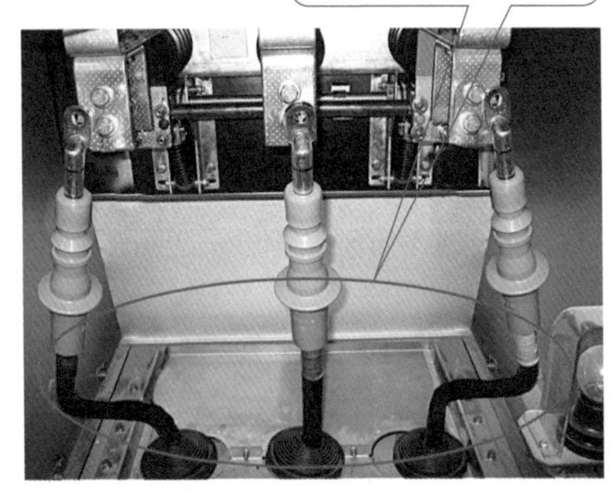

电缆预制式终端头预留长度过长，终端头距设备壳体过近，存在安全隐患

图4–3–11 终端头预留过长案例图

3. 标准工艺要点

电缆终端头线芯预留应根据柜内高度确定，正确选择外护套开剥长度，电缆线芯布置合理，距壳体等接地部分距离安全。

4. 标准规范图例（图4–3–12）

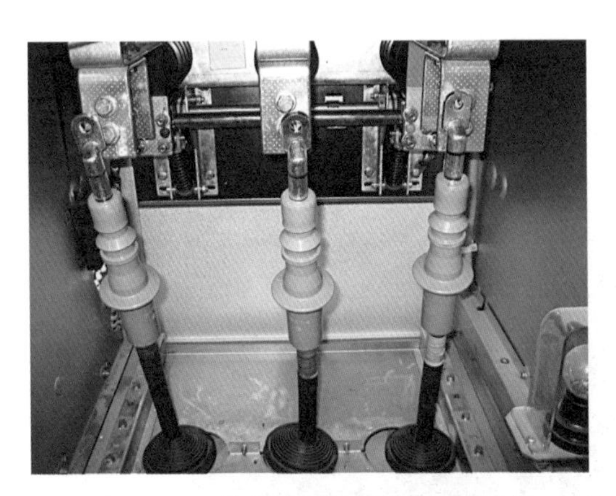

图4–3–12 终端头预留尺寸合适示意图

典型问题7 在沟外制作中间接头

1. 典型问题图例（图4-3-13）

将电缆移出电缆沟制作电缆接头，后期再搬移，易降低新作电缆接头质量

图4-3-13 沟外制作中间接头案例图

2. 典型问题解析

预制式中间接头制作工作在沟外进行，中间接头制作完成后再移动接头，易造成中间接头出现空隙，影响中间接头制作质量。

3. 标准工艺要点

（1）预制式中间接头制作应在沟内进行，不得在中间接头制作完成后就移动接头。

（2）在室外制作6kV及以上电缆终端与接头时，其空气相对湿度宜为70%以下；当湿度大时，可提高环境温度或加热电缆。严禁在雾中或雨中施工。

（3）制作塑料绝缘电力电缆终端与接头时，应防止尘埃、杂物落入绝缘内。

4. 标准规范图例（图4-3-14）

在电缆沟内制作电缆中间接头，减少电缆中间接头搬移工作

图4-3-14 沟内制作中间接头示意图

典型问题 8 低压户外电缆未作电缆终端

1. 典型问题图例（图4–3–15）

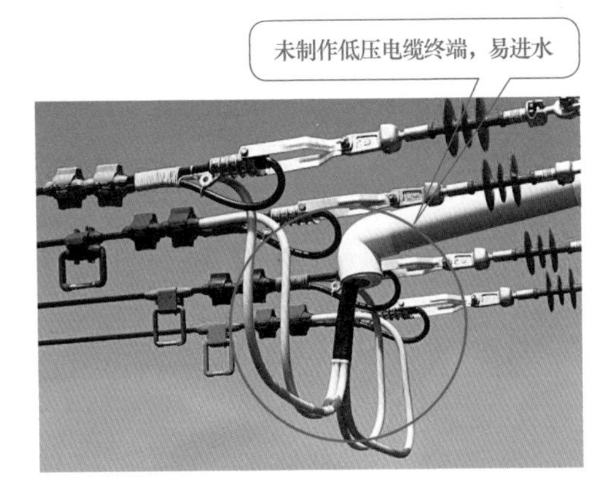
未制作低压电缆终端，易进水

图4–3–15 低压电缆未作电缆终端案例图

2. 典型问题解析

低压户外电缆终端未采用电缆终端头，雨水容易侵蚀，电缆受潮发热容易引发绝缘损坏。

3. 标准工艺要点

电缆终端应使用绝缘套指，并进行防水封堵处理。

4. 标准规范图例（图4–3–16）

低压电缆终端采用绝缘套指

图4–3–16 低压电缆制作电缆终端示意图

第四节 接地装置安装

本节重点解析了接地装置安装环节的2个“常见病”。

典型问题 1 金属支架未接地或者接地焊接面不足，焊接处未作防腐处理

1. 典型问题图例（图4-4-1）

图4-4-1 接地装置焊接面积不足案例图

2. 典型问题解析

电缆沟（井）金属支架未接地或者接地焊接面不足，焊接处未作防腐处理。

3. 标准工艺要点

金属电缆支架全线均应有良好接地，接地线焊接要求：扁钢焊接面不小于其宽度2倍，圆钢不小于其直径6倍，焊接处应采取防腐措施。

4. 标准规范图例（图4-4-2）

图4-4-2 接地装置焊接规范示意图

典型问题 2 电缆终端头接地不规范

1. 典型问题图例（图4-4-3）

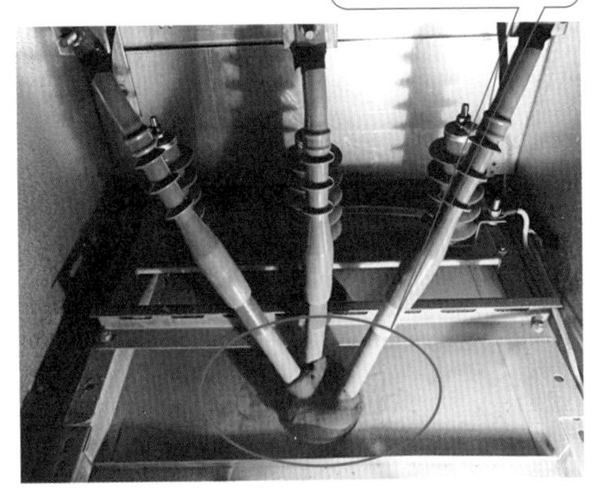
电缆终端头铠装层或
铜屏蔽层未接地

图4-4-3 电缆终端头接地不规范案例图

2. 典型问题解析

电缆终端头金属屏蔽层、铠装层未接地，或者屏蔽层、护套层接地线并接在一点接地。

3. 标准工艺要点

电缆终端头金属屏蔽层、铠装层应用不同接地线引出，不得并接，应在不同点分别接地。

4. 标准规范图例（图4-4-4）

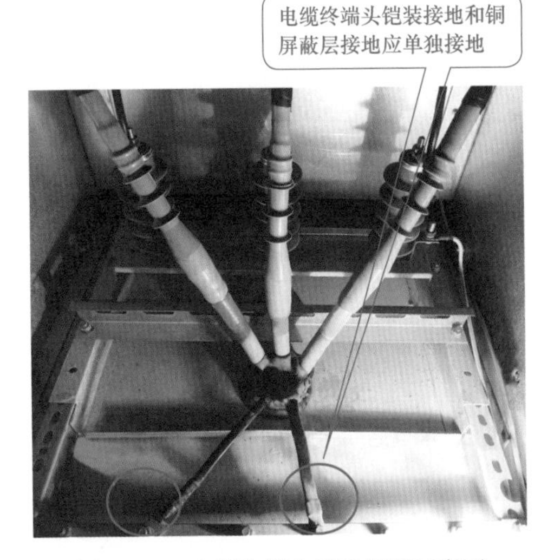
电缆终端头铠装接地和铜
屏蔽层接地应单独接地

图4-4-4 电缆终端头接地规范示意图

第五章

10kV 配电站房

本章依据《国家电网公司配电网工程典型设计　10kV配电站房分册（2016年版）》，对10kV配电站房的土建施工、接地装置安装、电气设备安装、附属设施4个施工安装环节的“常见病”进行解析。

第一节　土建施工

本节重点解析配电站房土建基础、站房门的选用及门的开启方向，配电站房通道等方面6个“常见病”。

典型问题 1　配电站房建筑物散水断裂

1. 典型问题图例（图5-1-1）

图5-1-1　散水断裂案例图

2. 典型问题解析

（1）地基未按规范分层夯实。

（2）散水施工时未做好伸缩缝，不足以承受热胀冷缩的需要，易出现散水裂缝。

3. 标准工艺要点

（1）配电站房散水宜分层夯实、采用清水混凝土施工，一次浇制成型。

（2）水泥混凝土散水，应设置伸缩缝，其延米间距不得大于10m；房屋转角处应做45°缝。水泥混凝土散水与建筑物连接处应设缝处理。上述伸缩缝宽度为15～20mm，缝内填嵌柔性密封材料。

4. 标准规范图例（图5-1-2）

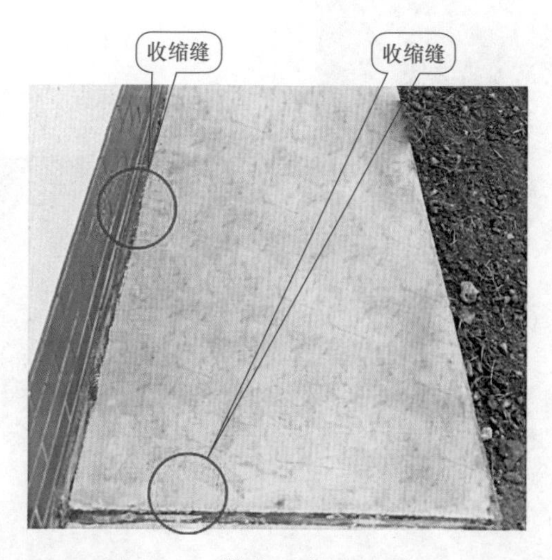

图5-1-2　散水正确图片示意图

典型问题 2 配电站房防火门施工不规范

1. 典型问题图例（图5-1-3 ~ 图5-1-5）

图5-1-3 配电站房门缝隙过大案例图

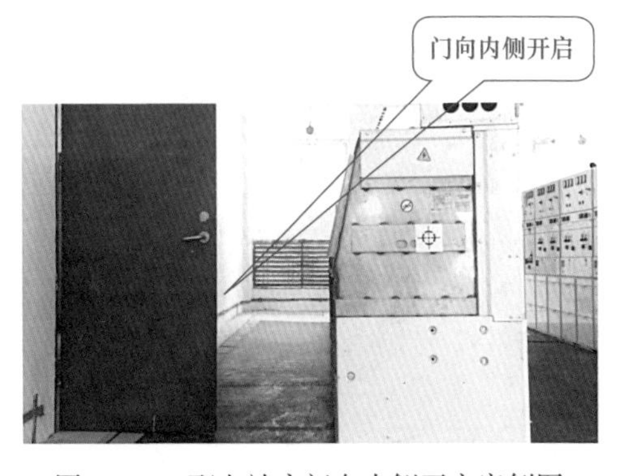

图5-1-4 配电站房门向内侧开启案例图

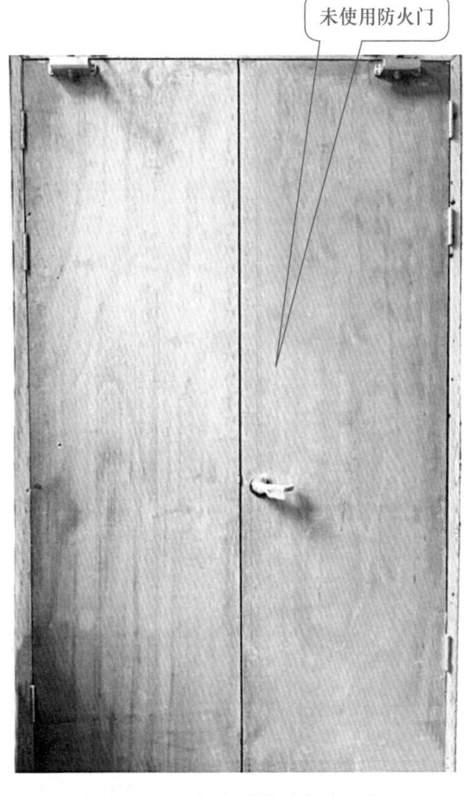

图5-1-5 未使用防火门案例图

2. 典型问题解析

（1）站房防火门框与墙体连接部位缝隙过大，缝隙未使用发泡材料填充密封。

（2）配电站房门开启方向错误，阻碍逃生通道不能使值班人员在配电室发生事故时迅速通过房门，脱离危险场所。

（3）配电站房门未使用防火门易造成火灾面积扩大。

3. 标准工艺要点

（1）配电站房防火门框与墙体间空隙采用发泡材料填充密封。

（2）配电站房门应向外开启，相邻房间门的开启方向应由内侧向外侧开启。

（3）配电站房门安装位置应符合设计要求。开关站、配电室门应满足防火防盗的要求，所有门应采用非燃烧材质。

4. 标准规范图例（图5-1-6～图5-1-8）

图5-1-6 配电站房门缝隙正确示意图

图5-1-7 门向外侧开启示意图

图5-1-8 使用防火门示意图

典型问题3　配电站房无检修通道、检修通道未做防滑措施

1. 典型问题图（图5-1-9、图5-1-10）

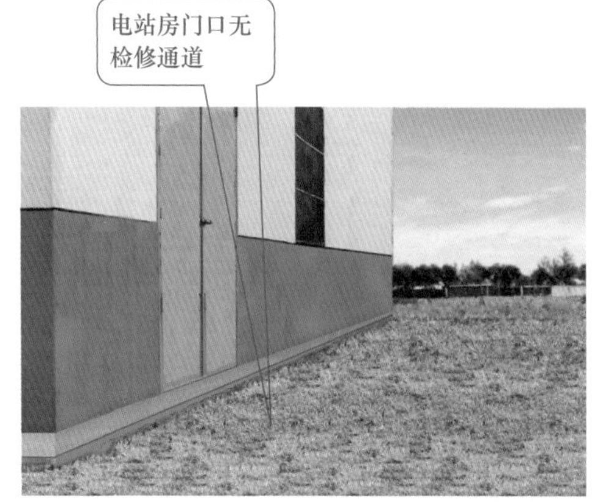

图5-1-9　配电站房无检修通道案例图

图5-1-10　配电站房门口未设置防滑坡道案例图

2. 典型问题解析

（1）配电站房室外检修通道设立不合理，不便于配电设备检修。

（2）配电站房坡道施工不合理，坡道未做防滑措施。

3. 标准工艺要点

（1）开关站、配电室室外须留有固定的检修通道。

（2）配电站房宜设置水泥砂浆礓蹉坡道，礓蹉应根据环境条件掌握好时间，锯齿形礓蹉宽窄一致、齿深一致。坡道两侧纵向设置20mm排水槽。

4. 标准规范图例（图5-1-11）

图5-1-11　检修通道及防滑坡道正确示意图

典型问题 4 配电站房内墙皮脱落

1. 典型问题图例（图5-1-12）

图5-1-12　配电房顶部墙皮脱落案例图

2. 典型问题解析

配电站房屋顶渗水、墙面涂料处理不规范，易造成站房内墙皮脱落。

3. 标准工艺要点

（1）屋顶应有散水坡度，防水级别为2级，墙体无渗漏，淋水试验合格。配电站房屋面防水施工前需做蓄水试验，观察是否出现渗漏，如有及时处理。

（2）配电站房内墙应采用环保乳胶漆，施工流程应按清理墙面→修补墙面→刮腻子→刷第一遍乳胶漆→刷第二遍乳胶漆→刷第三遍乳胶漆规范实施，确保墙面平整、棱角顺直。

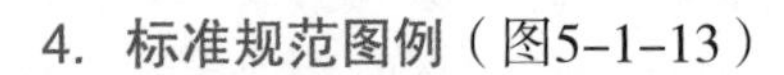

4. 标准规范图例（图5-1-13）

图5-1-13　墙面粉刷正确示意图

典型问题5 配电站房内环氧树脂地坪空鼓开裂

1. 典型问题图例（图5-1-14）

图5-1-14 配电站房地面环氧地坪施工不规范案例图

2. 典型问题解析

配电站房内地面未加抗裂纤维，未原浆压光造成地面有裂缝及空鼓现象。

3. 标准工艺要点

配电站房地面，水泥砂浆面层宜加抗裂纤维，原浆压光，环氧树脂漆地面表面平整度偏差≤0.5mm。地坪投入使用时间：24h后方可上人，72h后方可重压。

4. 标准规范图例（图5-1-15）

图5-1-15 环氧地坪正确图片示例图

典型问题 6 配电站房室外无沉降观测点

1. 典型问题图例（图5-1-16）

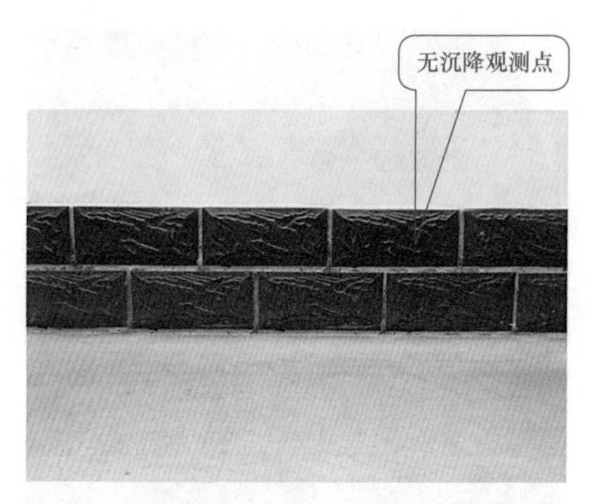

图5-1-16 配电站房未安装沉降观测点案例图

2. 典型问题解析

土质松软的配电站房未安装沉降观测点，无法观测地基是否下沉。

3. 标准工艺要点

开关站、配电室外墙宜安装沉降观测点且安装高度统一离室外地坪500mm。

4. 标准规范图例（图5-1-17）

图5-1-17 沉降观测点安装位置示意图

第二节 接地装置安装

本节重点解析配电站房内接地体连接和焊接方面2个“常见病”。

典型问题 1 接地引上线连接处未两点接地

1. 典型问题图例（图5-2-1）

图5-2-1 接地引上线连接处未两点接地案例图

2. 典型问题解析

配电站房内接地极施工不规范、未两点接地，易造成站房内接地不可靠、接地电阻过大。

3. 标准工艺要点

接地引上线与设备连接点不少于2个并可靠连接。

4. 标准规范图例（图5-2-2）

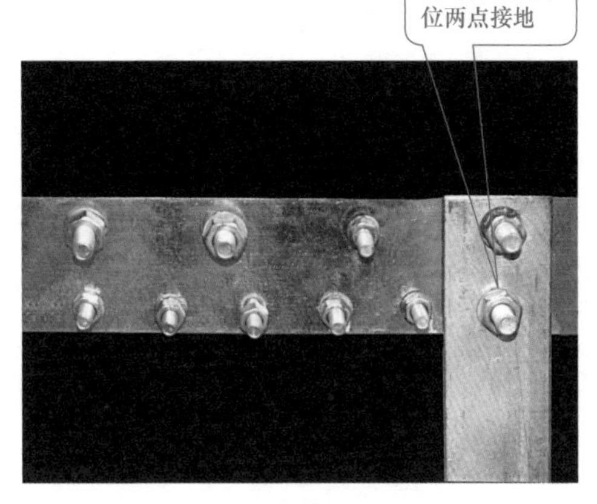

图5-2-2 两点接地图片示意图

典型问题2 配电站房接地装置未按规范施工

1. 典型问题图例（图5-2-3、图5-2-4）

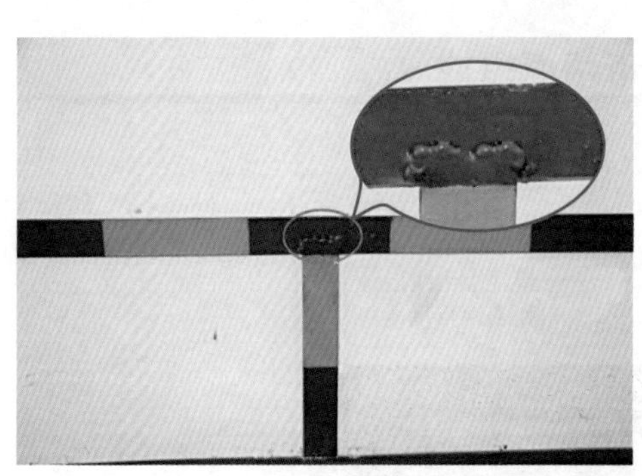

图5-2-3 接地焊接处施工不规范案例图

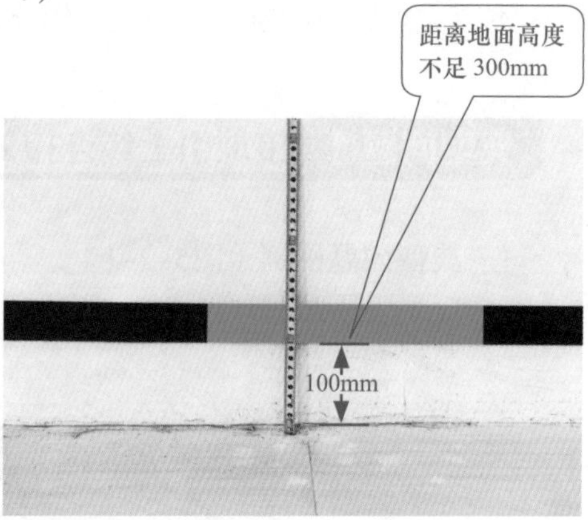

图5-2-4 接地体与地面距离不足案例图

2. 典型问题解析

（1）接地点焊接不牢固、虚焊、焊接面积不足。

（2）接地带距离地面距离不足。

3. 标准工艺要点

配电装置室内工作接地带采用50mm×5mm热镀锌扁钢沿墙明敷一圈，距室内地坪300mm，离墙间隙20mm，接地体的连接应采用焊接，焊接必须牢固、无虚焊，焊接位置两侧100mm范围内及锌层破损处应防腐。

4. 标准规范图例（图5-2-5、图5-2-6）

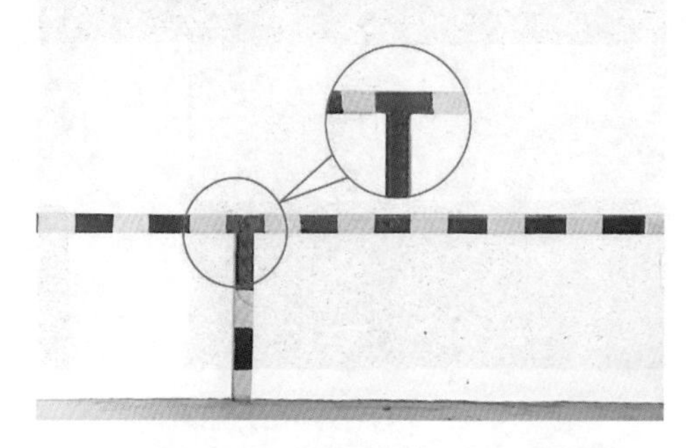

图5-2-5 接地焊接部位正确示意图

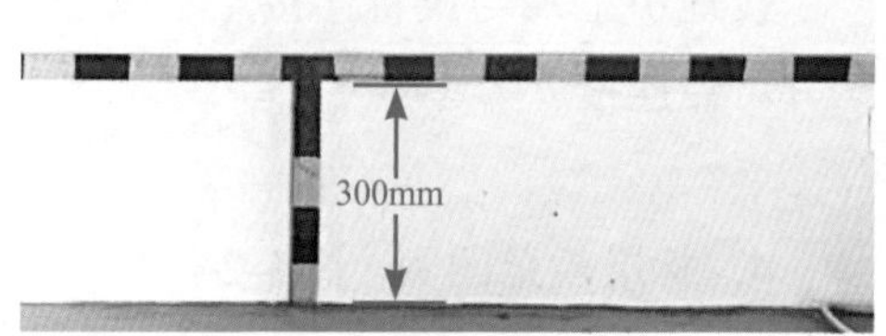

图5-2-6 接地体距离地面高度示意图

第三节 电气设备安装

本节重点解析配电设备基础、安装施工等方面7个“常见病”。

典型问题1 设备基础施工不规范

1. 典型问题图例（图5-3-1）

设备基础未进行
防腐、打磨

图5-3-1 设备基础未防腐、打磨案例图

2. 典型问题解析

设备基础不平整，易造成设备安装不平稳，设备运行时存在隐患。槽钢未进行防腐处理、造成槽钢锈蚀。

3. 标准工艺要点

预埋件采用热镀锌材料，表面洁净无锈蚀；预埋件外露面刷防锈漆，边缘整齐美观；预埋件与锚固钢筋焊接牢固；预埋件严禁有空鼓现象；槽钢应高于设备基础10mm，便于设备固定及接地。

4. 标准规范图例（图5-3-2）

设备基础槽钢打
磨、防腐

图5-3-2 设备基础防腐、打磨照片示意图

典型问题 2 母排连接螺栓安装不规范

1. 典型问题图例（图5-3-3）

图5-3-3 母线连接螺栓未紧固案例图

2. 典型问题解析

母排接头螺栓未紧固到位，造成接触面积小、接触电阻大、接触点过热。

3. 标准工艺要点

连接用的螺栓贯穿方向应是由下向上、由后向前、由左向右，在其余的情况下，螺母安装于维护侧，母线的紧固螺栓，无要求时，应选用镀锌螺栓；铜母线宜用铜螺栓；紧固螺栓应用力矩扳手，螺栓长度应露出螺母2～3扣，螺栓两侧要加“两平一弹”垫片。

4. 标准规范图例（图5-3-4）

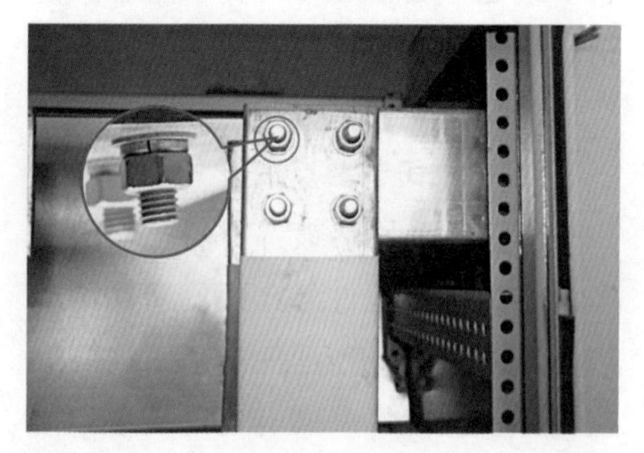

图5-3-4 母线螺栓连接紧固示意图

典型问题 3 盘柜内电缆安装不规范

1. 典型问题图例（图5–3–5、图5–3–6）

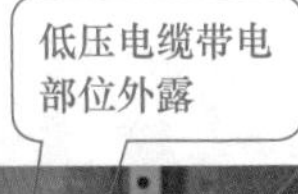

图5–3–5 电缆带电体外露案例图

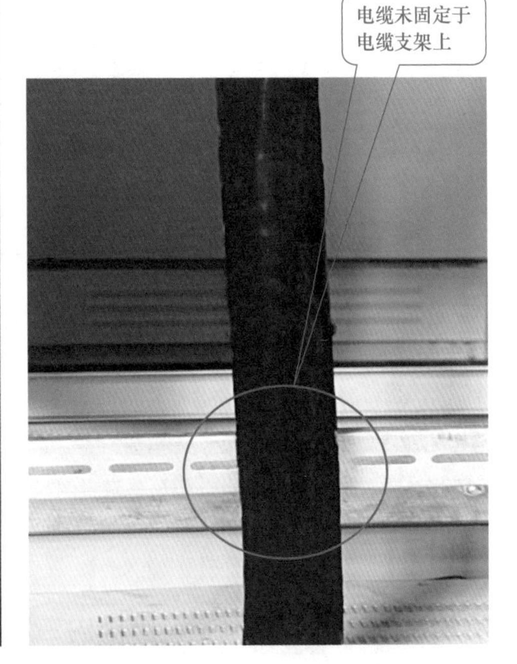

图5–3–6 电缆未固定案例图

2. 典型问题解析

（1）低压电缆接线端子带电体外露，易造成短路。

（2）电缆未使用卡箍固定于柜内电缆支架上，易造成设备受力过大。

3. 标准工艺要点

（1）电缆接线端子外露部位应进行绝缘处理。

（2）户外引入设备接线箱的电缆应有保护和固定措施，采用与电缆匹配的固定夹具；进入环网单元的三芯电缆用电缆卡箍固定在高压套管的正下方，电缆从基础下进入环网单元时应有足够的弯曲半径，能够垂直进入，电缆各相线芯应垂直对称。

4. 标准规范图例（图5-3-7、图5-3-8）

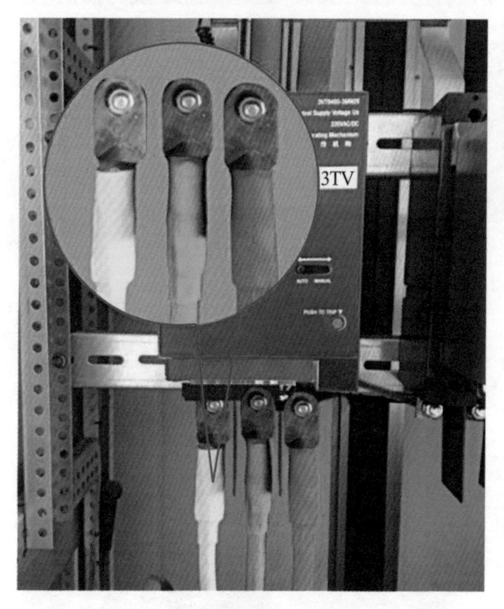

图5-3-7 低压电缆带电部位包裹示意图

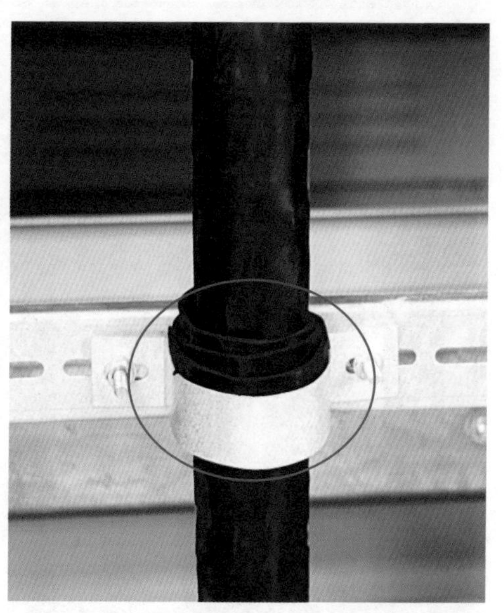

图5-3-8 电缆应固定在电缆支架上示意图

典型问题4 配变、盘柜内二次线施工不规范

1. 典型问题图例（图5-3-9、图5-3-10）

图5-3-9 干式变压器二次线施工不规范案例图

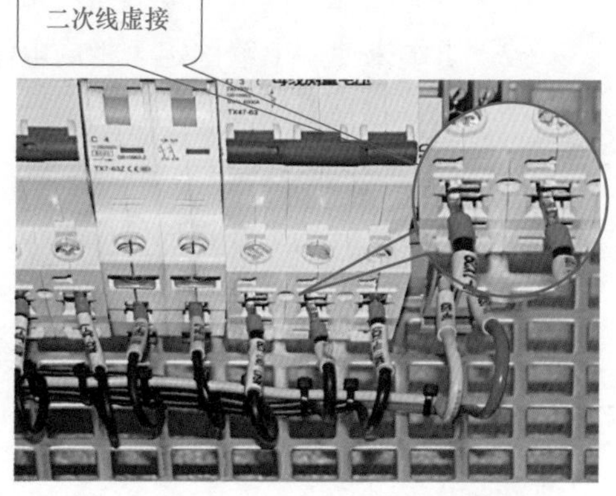

图5-3-10 盘柜内二次线虚接案例图

2. 典型问题解析

（1）二次接线混乱，接地线易碰触设备桩头，易造成设备短路。

（2）盘柜内端子排二次线安装接头虚接。

3. 标准工艺要点

（1）应按图纸施工，接线应正确。

（2）导线与电气元器件间应采用螺栓连接、插接、焊接或压接等，且均应牢固可靠。

（3）盘、柜内导线不应有接头，线芯应无损伤。

（4）多股导线与端子、设备连接应压接接线端子。

（5）电缆芯线和所配导线的端部均应标明其回路编号，编号应正确，字迹清晰，不易褪色。

（6）二次导线排列应整齐、清晰、美观，导线绝缘应良好。

（7）每个接线端子的每侧接线宜为一根，不得超过两根。对于插接式端子，不同截面的两根导线不得接入同一端子中。螺栓连接端子接两根导线时，中间应加平垫片。

4. 标准规范图例（图5-3-11、图5-3-12）

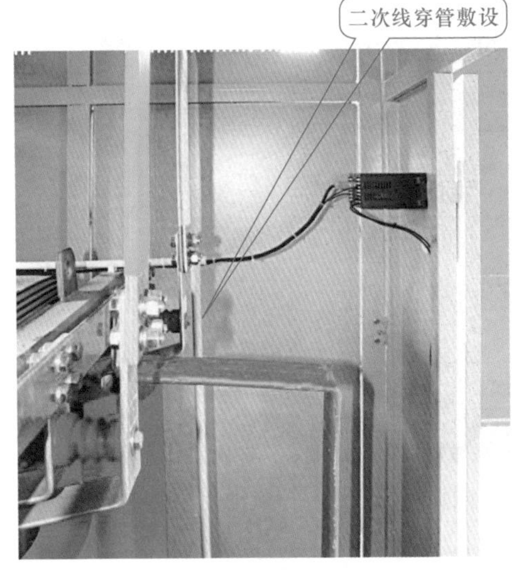

图5-3-11 干式变压器内二次线穿管固定示意图

图5-3-12 盘柜内二次线插接紧固示意图

典型问题5 不同回路电缆接地连接不规范

1. 典型问题图例（图5-3-13）

图5-3-13　高压电缆接地极共用案例图

2. 典型问题解析

同一柜体、不同间隔的电缆接地线共用一个接地点，严重时会造成检修感应触电。

3. 标准工艺要点

每个电气装置的接地应分别接入接地汇流排或与接地干线相连接。严禁在一个接地线中串接几个电气装置的接地线。

4. 标准规范图例（图5-3-14）

图5-3-14　电缆接地线独立连接示意图

典型问题 6 配电站房封闭母线桥保护罩各段之间接地未可靠连接

1. 典型问题图例（图5-3-15）

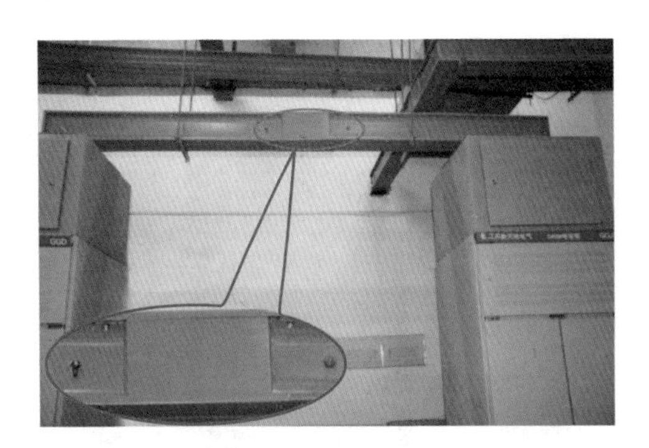

图5-3-15 母线桥保护罩接地线施工不规范案例图

2. 典型问题解析

配电站房封闭母线桥保护罩各段连接处，无接地连接，易造成柜体带电。

3. 标准工艺要点

封闭母线桥的外壳各段间应有可靠的接地连接，其中至少有一段外壳应可靠接地。

4. 标准规范图例（图5-3-16）

图5-3-16 母线桥保护罩接地连接示意图

典型问题7 配电站房内设备安装施工不规范

1. 典型问题图例（图5-3-17）

设备外壳变形造
成设备安装缝隙

图5-3-17 设备外壳损伤安装不到位案例图

2. 典型问题解析

配电站房内设备就位施工不规范，造成壳体变形，设备无法正确固定。

3. 标准工艺要点

配电站房内设备吊装时，应使用绳索保护，在移动设备时不得使用撬杠等铁件直接撬动设备壳体，保证两面柜就位正确，其他柜依次安装。柜体垂直度允许偏差1.5mm/m；水平允许偏差：相邻两盘顶部2mm，成列盘顶部5mm；盘面允许偏差：相邻两盘边1mm，成列盘面5mm；盘间接缝允许偏差2mm。

设备安装无缝隙

图5-3-18 设备安装紧密示意图

4. 标准规范图例（图5-3-18）

第四节 附属设施

本节重点解析配电站房施工中照明、通风、防火、摄像头等方面5个“常见病”。

典型问题1 配电站房内监控探头安装不规范

1. 典型问题图例（图5-4-1）

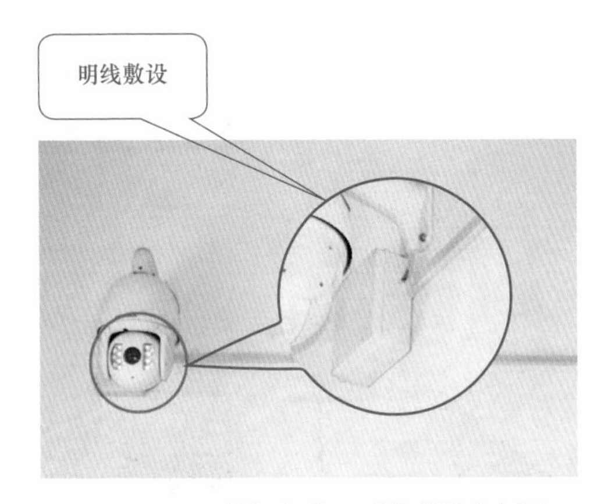

图5-4-1 监控视频装置明线敷设案例图

2. 典型问题解析

未事先策划好探头布置位置，信号传输电缆埋管与建筑施工未同步敷设。

3. 标准工艺要点

室内探头应距地面2.5m以上或顶板以下0.2m安装，视频线路应采用暗线敷设。

4. 标准规范图例（图5-4-2）

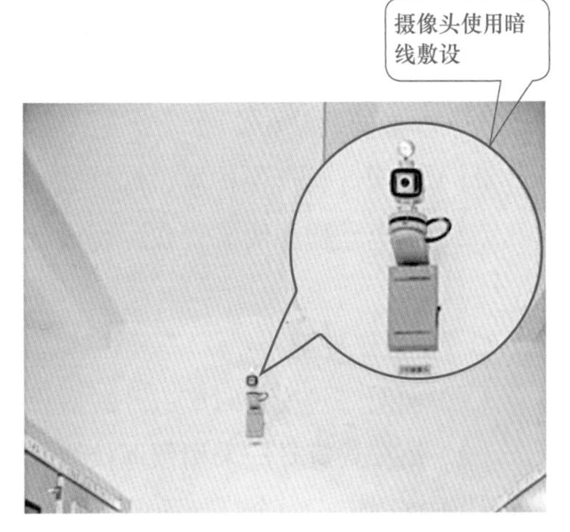

图5-4-2 监控视频暗线敷设示意图

典型问题2 吊杆灯具安装位置不规范

1. 典型问题图例（图5–4–3）

图5–4–3 配电站房内灯具未使用防爆灯具并安装于设备正上方案例图

2. 典型问题解析

（1）照明灯具无保护罩，灯管破裂时易造成碎片落于设备上。

（2）配电站房照明装置在运行设备正上方，损坏后不便更换。

3. 标准工艺要点

（1）照明灯具安装时应避开二次设备屏位、母线桥和开关柜等设备正上方。

（2）吊杆式灯具应采用预埋接线盒、吊钩、螺钉等固定，安装牢固可靠，严禁使用木楔固定，每个灯具固定用的螺钉或螺栓不少于2个。照明灯具应采用高效节能灯具，灯具及配件齐全，无机械损伤、变形、涂层剥落和灯罩破裂等缺陷。

4. 标准规范图例（图5-4-4）

图5-4-4 配电站房照明灯具使用防爆灯并安装在巡检通道上示意图

典型问题3 配电站房通风设备、门窗防小动物措施不完善

1. 典型问题图例（图5-4-5、图5-4-6）

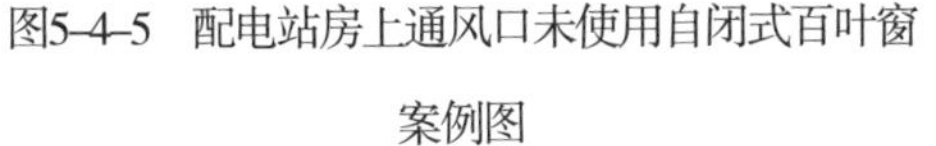
图5-4-5 配电站房上通风口未使用自闭式百叶窗案例图

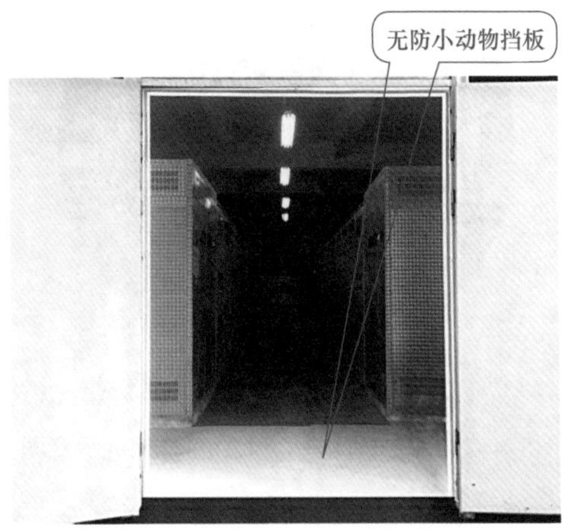

图5-4-6 配电站房未使用防小动物挡板示意图

2. 典型问题解析

配电站房外侧未装设自闭式百叶窗，配电站房门未设置防小动物挡板或防小动物挡板安装不规范，易造成小动物进入配电站房内。

3. 标准工艺要点

（1）变压器室、配电室等房间通风窗采用2mm厚钢板冲压百叶窗，百叶窗孔隙不大于10mm。百叶窗外框为25mm × 25mm × 4mm。风机的吸入口应加装保护网或其他安全装置，保护网孔为 5mm × 5mm。如配电站房内安装有SF_6充气开关柜/环网柜，通风装置应低位安装。

（2）开关站、配电室出入口应加装防小动物挡板，材料采用塑料板、金属板，高度应不低于400mm，其上部应设有45° 黑黄相间色斜条防止绊跤线标志，标志线宽宜为50 ~ 100mm。

4. 标准规范图例（图5-4-7、图5-4-8）

图5-4-7 带有自闭式百叶窗的排风机示意图

图5-4-8 使用防小动物挡板示意图

典型问题 4 箱式变电站通风口距离地面过低

1. 典型问题图例（图5-4-9）

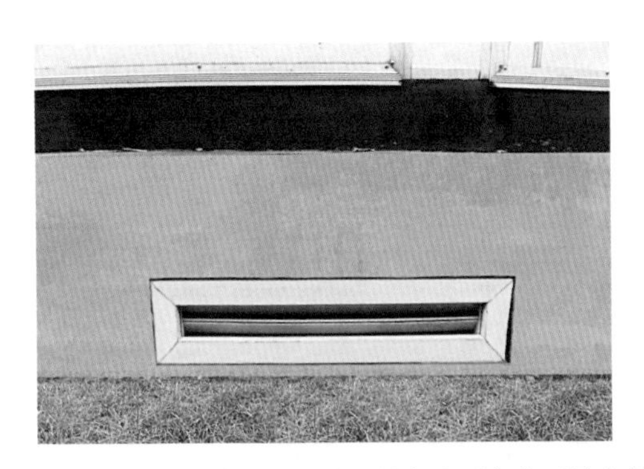

图5-4-9 箱式变电站基础通风口距离地面高度不足案例图

2. 典型问题解析

箱式变电站通风口距离地面过低，易造成设备基础内进水。

3. 标准工艺要点

箱式变电站基础高出地面一般为300～500mm。

4. 标准规范图例（图5-4-10）

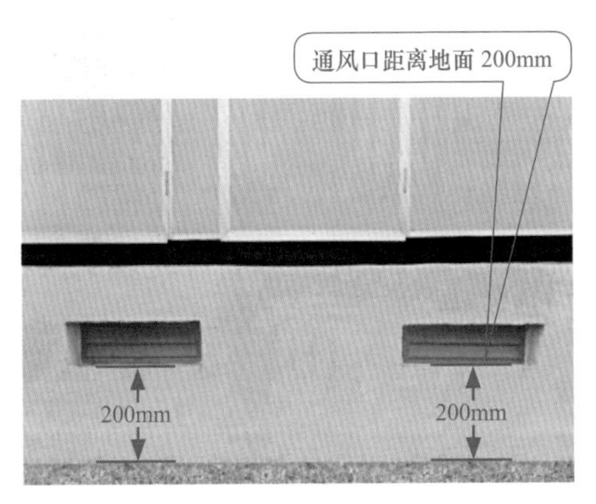

图5-4-10 箱式变电站基础通风口距离地面高度不小于200mm示意图

典型问题5 电缆沟防火墙使用沙袋填充

1. 典型问题图例（图5-4-11）

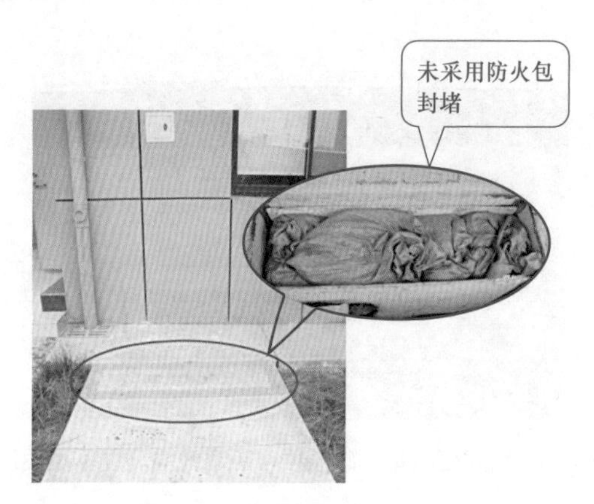

图5-4-11 配电站房电缆通道阻燃点设置不规范案例图

2. 典型问题解析

电缆沟防火墙设置不合理，防火隔板中未使用无机堵料、防火包封堵。

3. 标准工艺要点

电缆通过电缆沟进入保护室、开关室等建筑物时，应采用防火墙进行隔断；防火墙两侧应采用10mm以上厚度的防火隔板封隔，中间应采用无机堵料、防火包或耐火砖堆砌，其厚度不应小于250mm；防火墙应采用热镀锌角钢作支架进行固定；防火墙内的所有缝隙均应采用有机堵料进行包裹。

4. 标准规范图例（图5-4-12）

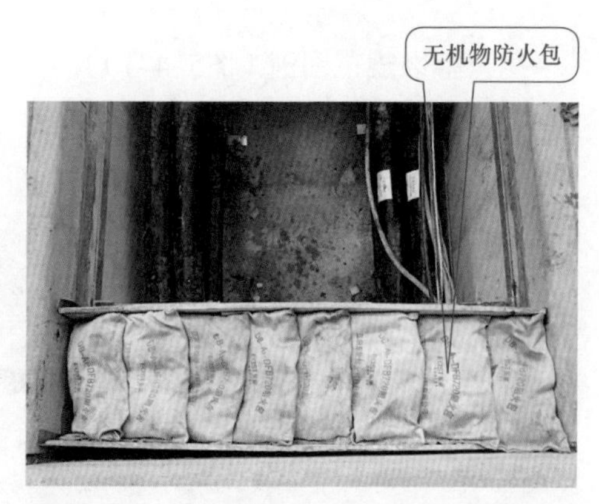

图5-4-12 阻燃点应使用无机物填充示意图

第六章

标识

本章依据《国家电网公司配电网工程典型设计（2016年版）》，对10kV配电变台标识、架空线路标识、电缆线路标识以及10kV配电站房标识在设置方面的“常见病”进行解析。

第一节　10kV 配电变台标识

本节重点解析配电变台标识牌安装、警示牌安装方面2个“常见病”。

典型问题 1　命名牌安装位置不正确

1．典型问题图例（图6–1–1）

图6–1–1　命名牌安装位置不正确

2．标准工艺要点

在台架正面右侧的变压器托担上安装命名牌，命名牌尺寸为300mm × 240mm（不带框），白底红色黑体字，字号根据标志牌尺寸、字数调整；安装上沿与变压器托担上沿对齐，并用钢带固定在托担上。

3．标准规范图例（图6–1–2）

图6–1–2　命名牌安装规范示意图

典型问题2 警示牌安装位置不正确

1. 典型问题图例（图6-1-3）

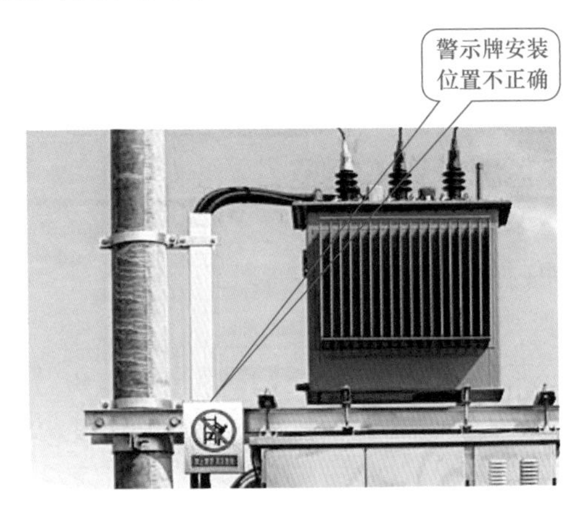

图6-1-3 警示牌安装位置不正确案例图

2. 标准工艺要点

在台架两侧电杆上安装“禁止攀登，高压危险”警示牌，尺寸为300mm×240mm，警示牌为长方形、衬底色为白色，带斜杠的圆边框为红色，标志符号为黑色，辅助标志为红底白字、黑体字，字号根据标志牌尺寸、字数调整。

3. 标准规范图例（图6-1-4）

图6-1-4 警示牌安装规范示意图

第二节 架空线路标识

本节重点解析架空线路杆号牌设置、相序牌安装、防撞标识设置、拉线警示管安装、安全警示标志设置方面5个“常见病”。

典型问题1 杆号牌设置不规范

1. 典型问题图例（图6-2-1）

图6-2-1 杆号牌设置不规范案例图

2. 标准工艺要点

架空线路杆号牌安装高度一般在离地面3m处，同一区域或同一线路的标识牌安装高度应统一；单回线路杆塔号标识牌应悬挂在巡视易见一侧；多回线路杆塔号标识牌应与线路在杆塔上排列顺序、朝向保持一致；对于同杆塔架设的多回线路，标识牌应采用不同底色加以区分。

3. 标准规范图例（图6-2-2）

图6-2-2 杆号牌设置规范示意图

典型问题 2 架空线路相序牌安装不齐全

1. 典型问题图例（图6-2-3）

图6-2-3 架空线路相序牌安装不齐全案例图

2. 标准工艺要点

在架空线路的第一基杆塔、分支杆及支线第一基杆塔、转角杆及其两侧电杆、终端杆、联络开关两侧、变换排列方式的电杆及其两侧应安装相序牌。相序牌应安装在横担下方。

3. 标准规范图例（图6-2-4）

图6-2-4 架空线路相序牌安装规范示意图

典型问题3 临近道路侧杆塔未设置防撞标识

1. 典型问题图例（图6-2-5）

图6-2-5 临近道路侧杆塔未设置防撞标识案例图

2. 标准工艺要点

临近道路侧杆塔，应采用喷涂或粘贴方式进行防撞标识设置，并应在杆部距地面300mm（设置防沉台时距地面500mm）以上，面向道路侧、沿杆一周喷涂或粘贴防撞警示标识。防撞标识为黑黄相间，黑、黄色带宽200mm、高1200mm。

3. 标准规范图例（图6-2-6）

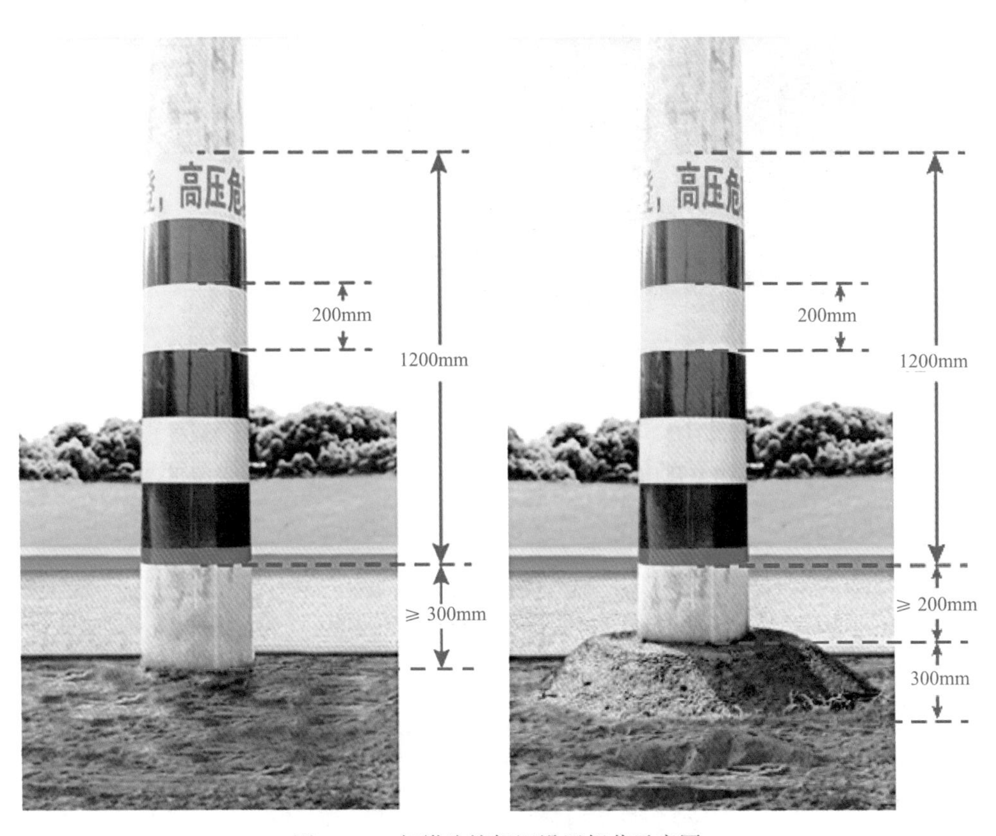

图6-2-6 杆塔防撞标识设置规范示意图

典型问题 4 拉线警示管安装不规范

1. 典型问题图例（图6-2-7）

图6-2-7 拉线警示管安装不规范案例图

2. 标准工艺要点

城区或村镇的10kV及以下架空线路的拉线，应根据实际情况配置拉线警示管。拉线警示管应使用反光漆，黑黄相间（间距200mm），安装时应紧贴地面安装，顶部距地面垂直距离不得小于2m。

3. 标准规范图例（图6-2-8）

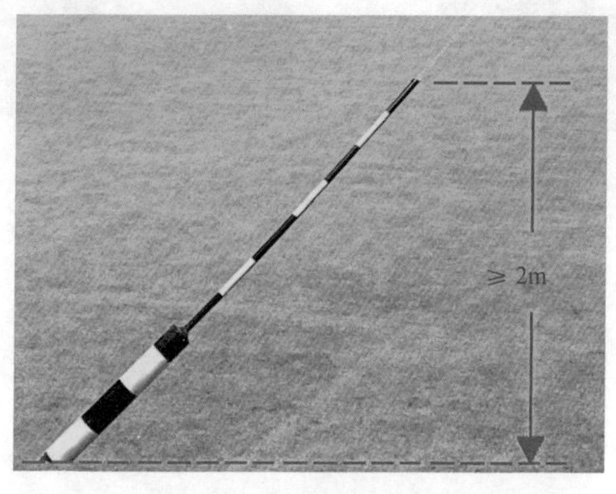

图6-2-8 拉线警示管规范安装示意图

典型问题5 未根据线路区域特点设置相应的安全警示标识

1. 典型问题图例（图6–2–9）

线路经过河边，未设置“禁止在高压线下钓鱼”安全警示标识

图6–2–9 河边线路未设置安全警示标识案例图

2. 标准工艺要点

电力线路杆塔，应根据电压等级、线路途径区域等具体情况，在醒目位置设置相应的安全警示标识，如禁止在高压线下钓鱼、禁止取土、线路保护区内禁止植树、禁止建房、禁止放风筝等。

3. 标准规范图例（图6-2-10、图6-2-11）

图6-2-10　河边线路安全警示标识规范设置示意图1

图6-2-11　河边线路安全警示标识规范设置示意图2

第三节　电缆线路标识

本节重点解析电缆标识牌安装、电缆终端头标识牌安装、电缆通道指示标识设置方面3个“常见病”。

典型问题 1　电缆标识牌安装不规范

1. 典型问题图例（图6-3-1）

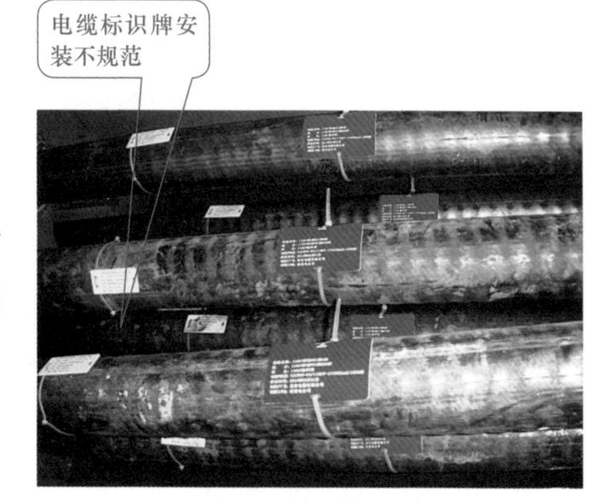

图6-3-1　电缆标识牌安装不规范案例图

2. 标准工艺要点

应在电缆标识牌长边两端打孔，采用塑料扎带、捆绳等非导磁金属材料绑扎固定。标识牌上应包含电缆名称、起点、终点、电缆型号、长度、投运日期、运行单位等内容。

3. 标准规范图例（图6-3-2）

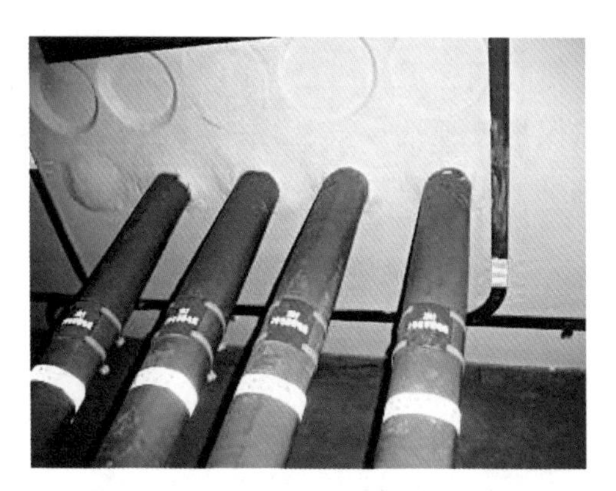

图6-3-2　电缆标识牌安装规范示意图

典型问题2 电缆终端标识牌安装不规范

1. 典型问题图例（图6-3-3）

图6-3-3 电缆终端标识牌安装不规范案例图

2. 标准工艺要点

在电杆下线时电缆终端标识牌应绑扎（粘贴）在电缆保护管顶端，箱体内电缆终端标识牌绑扎在电缆终端头处。

3. 标准规范图例（图6-3-4）

图6-3-4 电缆终端标识牌安装规范示意图

典型问题3 电缆通道上方未设置明显的指示标识

1. 典型问题图例（图6-3-5）

图6-3-5 电缆通道无标识案例图

2. 标准工艺要点

电缆通道起止点、转弯处及沿线，在地面上应设置明显的电缆标识以警示、掌握电缆路径及实际走向。

在敷设路径起、终点及转弯处，以及直线段每隔20m应设置一处标识桩，当电缆路径在绿化隔离带、灌木丛等位置时可延至每隔50m设置一处；在人行道、车行道等不能设置高出地面的标识时，采用平面标识贴，标识贴上应有电缆线路方向指示；电缆井周围1m范围内，各方向通道上均应设置标识贴。

3. 标准规范图例（图6-3-6、图6-3-7）

图6-3-6 电缆通道标识桩设置示意图

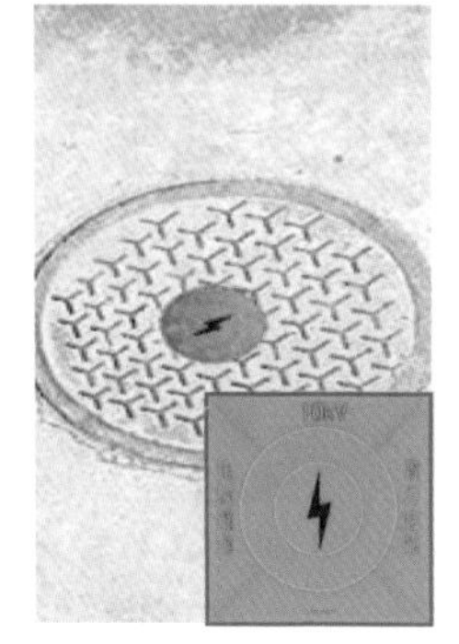
图6-3-7 电缆通道标识贴设置示意图

第四节 10kV配电站房标识

本节重点解析户外配电设备标识牌设置、开关柜标识牌设置、接地标识涂刷方面3个“常见病”。

典型问题1 户外配电设备标识牌设置不规范

1. 典型问题图例（图6-4-1）

图6-4-1 户外配电设备标识牌设置不规范案例图

2. 标准工艺要点

环网柜、箱式变压器、分支箱等设备应在巡视通道侧柜体明显处安装设备标识牌。标识牌基本型式为矩形，尺寸为320mm×260mm，白底红字，字号根据字数适当调整；标识牌应具有防水、防腐、耐气候功能。

3. 标准规范图例（图6-4-2）

图6-4-2 户外配电设备标识牌规范设置示意图

典型问题2 开关柜标识牌设置不规范

1. 典型问题图例（图6-4-3）

图6-4-3　开关柜标识牌设置不规范案例图

2. 标准工艺要点

开关柜标识牌为矩形、白底红字，字号根据字数适当调整。标识牌应具有防水、防腐、耐气候功能。

3. 标准规范图例（图6-4-4）

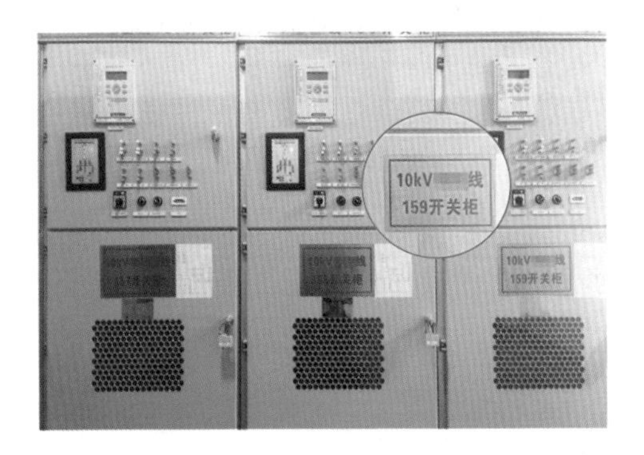

图6-4-4　开关柜标识牌规范设置示意图

典型问题 3 接地标识涂刷不规范

1. 典型问题图例（图6-4-5）

图6-4-5 接地标识涂刷不规范案例图

2. 标准工艺要点

接地体应按规定涂以黄绿相间的标识，黄绿间隔宽度一致、顺序一致。

3. 标准规范图例（图6-4-6）

图6-4-6 接地标识涂刷规范示意图